JN044422

コンパクトシリーズ アプリ

2次元CADはじめるなら

it'sCAD

イッツキャド

インデックス出版

Preface

2次元CADはすでに完成された技術で、手軽な設計ツールとして普及しています。そして、設計者の意図を表現し、伝える手段として重要な役割を果たしています。

正確に素早く製図するためには、CADの知識だけでなく製図の知識が必要です。本書では〈Part 1〉で2次元CADの概要、〈Part 2〉で2次元CAD製図の基本を扱っています。また〈Part 3〉で簡単な図形の作図手順を説明します。ここでの例題は簡単なものですが、作図方法のヒントになります。どのコマンドを使ってどのような手順で作図すれば、正確でより早く作図できるのか、作図方法は一通りではなく様々な方法があります。これらはいろいろなコマンドを試行し、それらを把握して、CADユーザー自身が習得することです。本書がその一助になれば幸いです。

なお、オーソドックスな操作方法で、初心者でも使いやすいことで定評のある**it'sCAD**を使って解説します。**it'sCAD**はただ単に効率よく作業を進めるだけでなく、CAD製図を行うときの思考の流れを重視したオペレーションになっています。また、**it'sCAD**はベーシックでシンプルなCADですが、専門分野についてはフリーの専門コマンドを装備することで対応しています。

it'sCADプラスα

タッチパネル対応

CADソフトは使わないものの、図面を活用する人にもお薦めです。

タッチパネル対応なので現場などでもCAD図面のチェックや変更指示が簡単にできます。

わずらわしい作図メニューなどをカスタマイズでき、図面を活用する技術者にとって必要な図面のチェックや検索、数量計算などの機能を使いやすくできます。

ユニコード対応

1つの図面内で、日本語と外国語の混在表記が可能となり、フォントさえあれば、外国へ発注しても図面が壊れることがありません。外国語の文字が図面内にあってもきちんと表記できます。

言語ファイルにより、メニューやダイアログの多言語化が可能であり、日本語が理解できない人でもCADを扱いやすくなります。

多言語対応

様々な言語に対応しています。「表示」―「オプション設定」の「操作性」タブの中で「言語」を“English”に設定すると、メニューが英語に変わり英語の図面を作図できます。

Contents

無償体験版　今すぐ始めましょう！

it'sCADの体験版を公開しています。体験版は機能制限なしで20日間試用することができます。ライセンス購入で発行されるシリアル番号を入力するとそのまま製品版としてご利用いただけます。

https://www.itscad.com/

イッツキャド

it'sCADは上記サイトよりダウンロードができます。

なお、インターネットに接続された環境において使用されている場合は、随時軽微な改良などの修正プログラムの更新が行われます。

アカデミック版　学生・教員 無償提供！

学生および教員のみなさまが、授業や課題の中で活用し、設計やデザインができるようにit'sCADを無償で提供します。次世代の設計者（デザイナー）、技術者（エンジニア）、芸術家（アーティスト）を支援していきます。

「xxxxxxxx.ac.jp」で終わるメールアドレスなど、教育機関と分かるメールアドレスには、シリアル番号を送付します。その他のメールアドレスの場合は、教員・学生とも学校所在地宛にライセンス証を郵送します。

https://www.index-press.co.jp/

インデックス出版

* 注文時に「アカデミックライセンス　¥0」を選択してご購入ください。

2次元CADの初歩

2次元CADは、技術的には20年以上前にほぼ完成し、Windows版として普及しています。その後大きな進歩はありません。そのような中でも、専門分野に特化したCADや、メニューに工夫をこらしたものなど様々なCADがみられます。例えば、オフィスソフトに合わせてリボン形式にして馴染みやすくしたもの、マウスの動きを少なくするオペレーションを採用し入力時間を短縮したもの、建築専用に便利な機能が付加されたものなどがあります。

2次元CADに関して大きく変化した点を挙げるならば、SXFが標準フォーマットとして普及したことが挙げられます。これによって様々なCADの間でデータの交換がスムーズにできるようになりました。また、電子納品をする場合の対象ファイル形式はSXFとなっています。

---

1. CADの画面構成と機能

2次元CADは20年以上機能的に目立った進歩はありませんが、CADの画面には各々のCADベンダーにより様々な創意工夫がみられます。
it'sCADは、CAD作図の思考の流れに沿った、オーソドックスなオペレーションで、画面まわりもCAD本来の標準的な画面構成となっています。

1.1 画面構成

it'sCADを起動すると図1-1に示す画面が表れます。
操作画面の各部名称とその役割（機能）を図1-1内に示します。

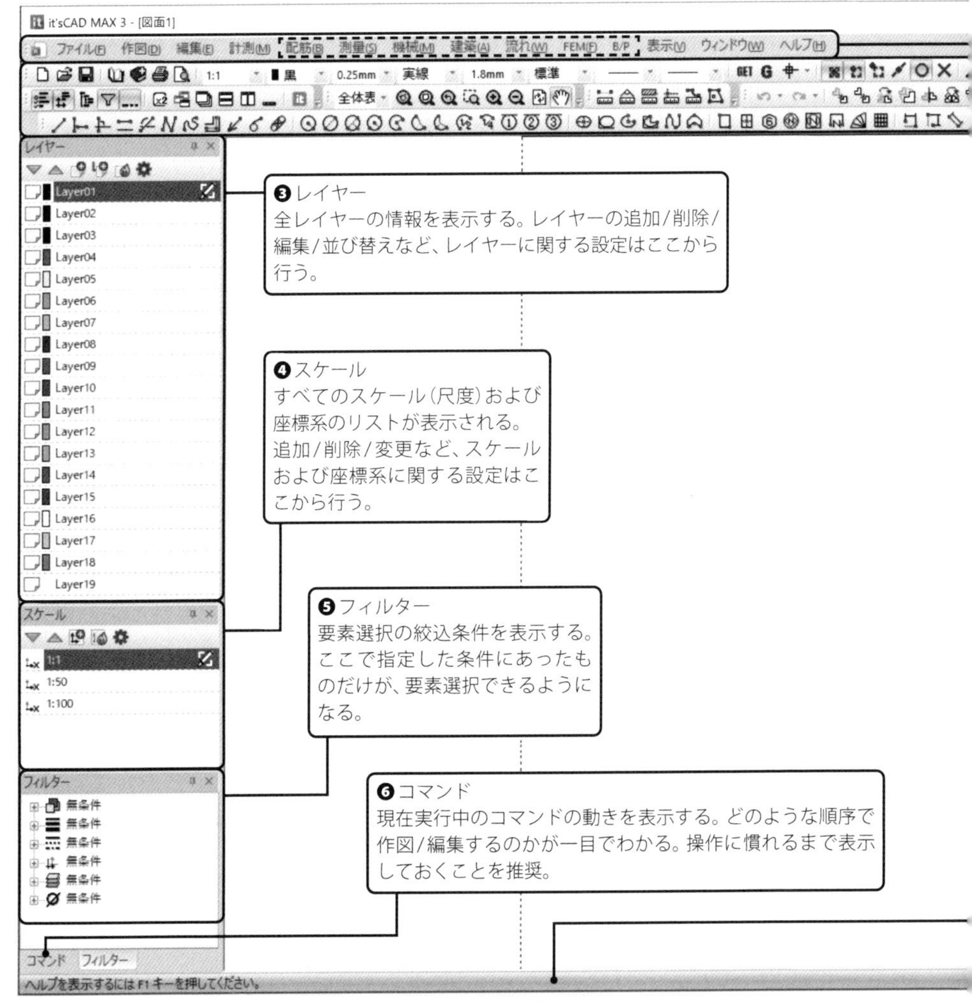

図1-1 it'sCADの画面構成

表1-1　専門コマンド

配筋	展開鉄筋を作成するコマンドや、鉄筋加工図や鉄筋加工表を簡単に作成するコマンド。
測量	トラバース計算や面積計算（三斜法、ヘロン、倍横距法、座標法）のコマンドのほか地図シンボルや地図線など役立つデータも標準装備。測量会社のほか土地家屋調査士でも利用可能。
機械	寸法公差記入/面取寸法/弧長寸法/テーパ・勾配/面肌記号/溶接記号/データム/幾何公差など機械図面作成に欠かせない便利なコマンドが多数。
建築	崩落処理や建築コマンド（壁/柱）を使って、建築平面図を素早く作成、電気設備や給排水設備用の部品も豊富に用意。
流れ	河川流況解析の入出力コマンド、iRICにも対応。近々リリースを予定。
FEM	2次元弾性解析コマンドや2次元骨組解析（トラス・ラーメン）コマンドなど有限要素法解析。
B/P	特定ユーザー用のコマンド。非公開。

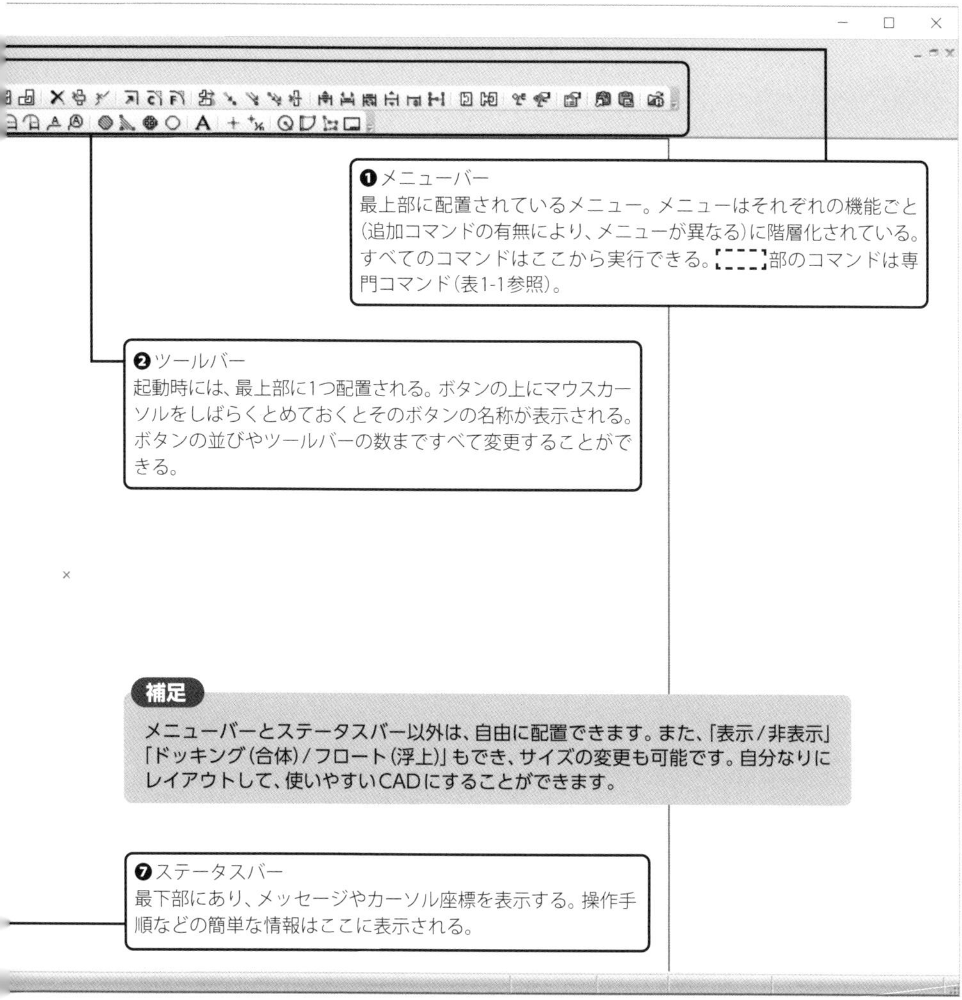

❶メニューバー
最上部に配置されているメニュー。メニューはそれぞれの機能ごと（追加コマンドの有無により、メニューが異なる）に階層化されている。すべてのコマンドはここから実行できる。[- - -]部のコマンドは専門コマンド（表1-1参照）。

❷ツールバー
起動時には、最上部に1つ配置される。ボタンの上にマウスカーソルをしばらくとめておくとそのボタンの名称が表示される。ボタンの並びやツールバーの数まですべて変更することができる。

補足

メニューバーとステータスバー以外は、自由に配置できます。また、「表示/非表示」「ドッキング（合体）/フロート（浮上）」もでき、サイズの変更も可能です。自分なりにレイアウトして、使いやすいCADにすることができます。

❼ステータスバー
最下部にあり、メッセージやカーソル座標を表示する。操作手順などの簡単な情報はここに表示される。

ツールバーのカスタマイズ

ツールバーのボタンの並び方を決めることができます。CADのすべてのコマンドから必要な機能を選んで、ツールバーを作成できます。

新規にツールバーを作成する方法は「自分流のツールバーを作る」(p. 11)で詳細な手順を説明しています。

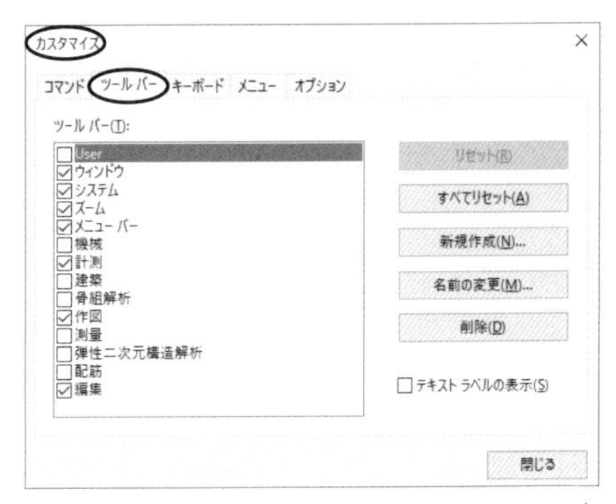

図1-2　カスタマイズ(ツールバー)

1.2　コマンドの種類と機能

CADでは一般的に主な5つのコマンド群があります。

コマンドのすべてはメニューバーに含まれています。図1-3にメニューバーを示します。

表1-2に各々のコマンドとそれらの機能を示します。

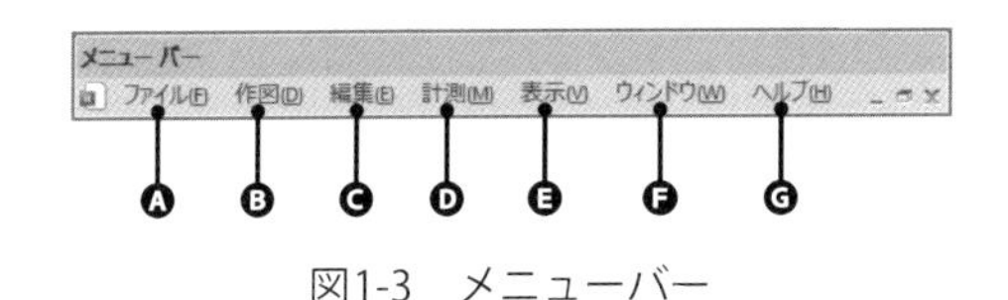

図1-3　メニューバー

表1-2　コマンドの種類と機能

基本コマンド	機　　能
Ⓐファイル	図形データをハードディスクやUSBなどに保存したり、逆にそれらから図形データを読み込んだりする機能。また、図形データの一部を部品として登録する。さらに図面をプリンタやプロッタだけでなくPDFデータなどとして出力する。他にも様々な環境を整えるため、各種の設定をする。
Ⓑ作図	図形要素のデータ構造に基づいて、図形を生成する。そして、生成された図形要素を画面表示し、それら図形要素の情報をコンピュータに格納する。
Ⓒ編集	すでに書かれている図形要素を加工(編集)する。
Ⓓ計測	図形要素の図形情報を表示する。主に作図の補助機能として利用される。
Ⓔ表示	ディスプレイ上での拡大表示や移動といった図面を見る視点を変更する。ここでの拡大や移動は、図形要素のデータの変更ではなく、単に要素の表示である。

またこの他に、ウィンドウを制御するⒻウィンドウコマンドや、ヘルプを表示するⒼヘルプコマンドなどがあります。

自分流のツールバーを作る

ツールバー上で右クリックして、プルダウンメニューを表示します。リスト最下部の「カスタマイズ」を選択するとカスタマイズの画面が表示されます。手順は以下の通りです。

❶ **新規にツールバーを作成**

まず「ツールバー」のタブの「新規作成」選択して、名前を決めます。

❷ **現在あるツールバーを変更**

現在あるツールバーを変更する場合は、そのツールバーの名前にチェックを入れます。

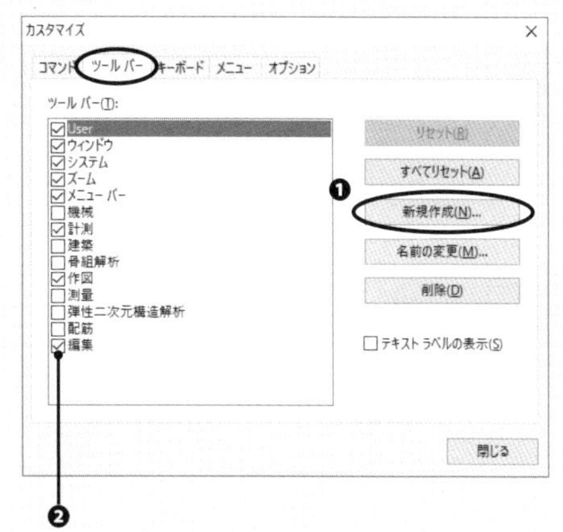

❸ **ドラッグ&ドロップして追加**

いずれの場合も「コマンド」のタブより、左側の「分類」を選び、右側の「コマンド」を選択して所定のツールバーにドラッグ&ドロップしてレイアウトします。

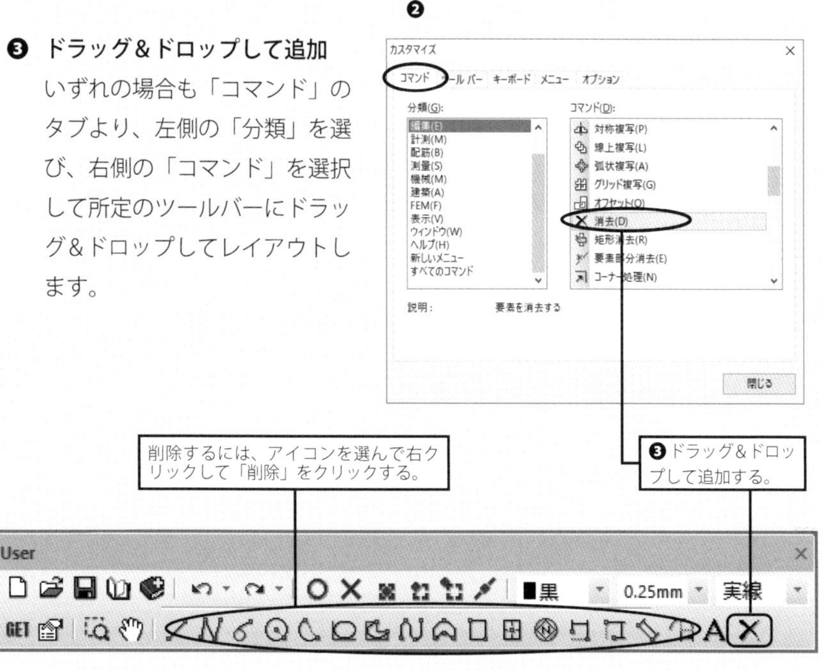

2. CADの基本機能とコマンド

作図するために「線を書く」「この部分を移動する」など、CADで何をするのか命令を与えますが、そのすべてをコマンドといい、「コマンドを実行する」といいます。これらのコマンドは、メニューバーまたはツールバーから実行します。また、キーボードに割り当てられたコマンドはそのキーから実行することができます。

2.1 CADの基本機能

CADにおいて必要な基本機能をまとめると、表2-1に示すようになります。これらを実現するのがコマンドで、それぞれの機能に対応したコマンドを示します（Part1「1.2 コマンドの種類と機能」参照）。

表2-1 CADの基本機能

項目	機能	対応コマンド
要素検出機能	作図の際に必要な図形の端点・交点・線上などの点を正確に入力するためのスナップや、図形を編集する場合に図形要素の選択などを行う要素選択機能。	ー
ファイル機能	図形データを補助記憶装置に保存したり、逆に補助記憶装置から円形データを読み込んだりする機能。	ファイルコマンド
作図機能	線分・円・円弧・文字・曲線・寸法線などを作図する機能。	作図コマンド
編集機能	すでに作図されている図形を削除・複写・移動・変形・拡大などを加工（編集）する機能。	編集コマンド
画面表示機能	細かな部分の作図を効率よく行うために、必要部分を拡大表示（ズーム）したり、その視点を移動（パン）したりする機能。	表示コマンド
出力機能	作図した図形を図面としてプリンタやプロッタに出力する機能。	ファイルコマンド
環境設定機能	CADを利用するために必要な図面の大きさ、スケール（尺度）・文字の大きさ、書体・寸法線の形状などを設定する機能。	ファイルコマンド

補足

初期状態では、ツールバーには数個のコマンドが登録されているだけです。よく使うコマンドは別途登録が必要です。

2.2　コマンドのステップ

ほとんどのコマンドは、いくつかのステップで作業を進めます。ステップには大きく分けて、次の6種類があります。なお、コマンドによっては不要なステップもあります。

Step 1	操作
任意の座標を入力する。	

Step 2	複数座標入力
任意の座標を左クリックする。右クリックで、終了する。	

Step 3	角度入力
参照点からの角度（座標）を左クリックする。	

Step 4	長さ入力
参照点からの長さ（座標）を左クリックする。	

Step 5	数入力
キーボードより数を入力する（Part 1「4.1 数値入力」参照）。	

Step 6	要素選択
要素を選ぶ（Part 1「10. 要素選択」参照）。	

操作中、次に行うステップはステータスバーに、またコマンドリストには全工程の一覧が表示されていますので、操作の参考になります。

例えば、中心と半径で円弧を書くためには「半径円弧」コマンドを用いますが、この「半径円弧」コマンドを例にとると、

①中心点を座標入力

②円弧の半径を長さ入力

③円弧の開始角を角度入力

④円弧の終了角を角度入力

というステップで作図します。

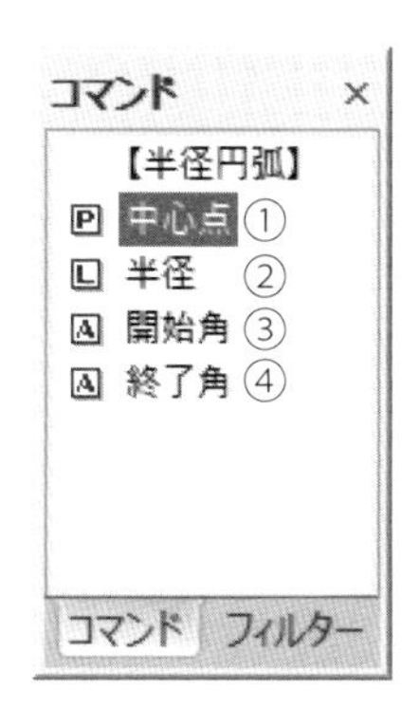

図2-1　コマンドリスト例

2.3　コマンドの実行とステップの戻り方

コマンドを実行するには、メニューバーから実行したいコマンドを選んでクリックします。また、ツールバーからアイコンをクリックして実行することができます。

間違って座標指定してしまったときなど、1つ前のステップに戻りたいときには［Esc］キーを押します。続けて押していくと、コマンドが終了します。

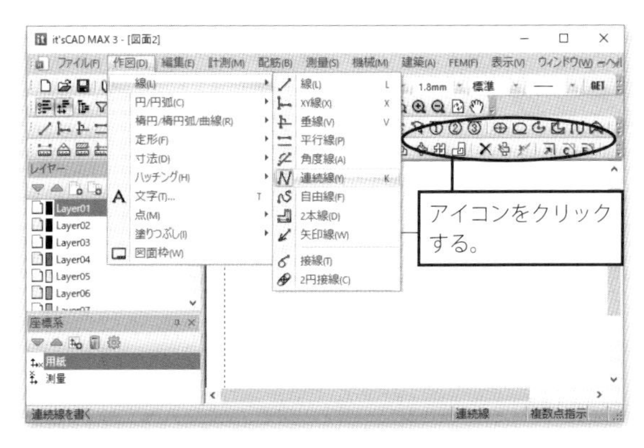

図2-2　コマンドの実行

補足

オプション設定において、バックアップファイルを自動保存するステップ数を設定することができます。

2.4　割込コマンドの実行の仕方

作図中に、この円の中心点から線を引きたいとか、この線の長さが欲しいとかいうことがあります。割込コマンドを使うと、補助線なしで書くことができます。

割込コマンドを実行するには、他のコマンド実行中に右ドラッグすることにより割込メニューを表示します。そのときに何を（座標入力や角度入力など）しようとしていたのかによって、表示されるメニューは異なります。そしてそのメニューより、必要な内容を選択して実行します。

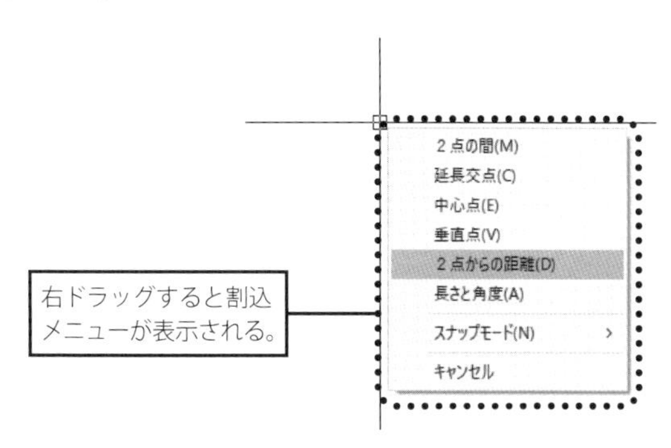

図2-3　割込メニュー

表2-2　割込コマンドの実行内容

入力内容	メニュー	実行内容
座標	2点の間	2点の中点
	延長交点	2要素の延長交点
	中心点	円の中心点
	垂直点	線や円などへの垂直点
	2点からの距離	2点からの距離
	長さと角度	参照点からの極座標
角度	2点の角度	始点、終点で構成する角
	3点の角度	始点、中心点、終点で構成する角
	要素の角度	要素の角度
長さ	2点の長さ	2点の距離
	要素の長さ	要素の長さ
数	要素数	選択した要素の数

3. マウスの基本的な使い方

CAD入力の基本はマウスで、作図や編集作業で一番よく使用します。線分や円・円弧の作図はもちろん、要素の移動や消去、表示範囲の移動などにもマウスを使用します。また、作図を補助するための機能（グリッド・スナップなど）もマウスの使い方に関連します。そして、CADにおけるマウスの使い方は、一般的なCADに共通する方法があります。

3.1 マウスの使い方

CADにおけるマウスの使い方は、一般的には表3-1のようになります。**it'sCAD**においても同様の操作方法となります。

マウスの使い方として、CADにおいてはダブルクリックは使いません。

表3-1　マウス操作と動作内容

マウス操作		動作内容
左クリック		メニューの選択や座標指示など、基本的な操作に用いる。
右クリック		要素選択の終了や、連続する点の指示など繰り返し動作を終え、次のステップに進むときに用いる。
左ドラッグ		要素を枠で選択する時に用いる。
右ドラッグ		動作中のコマンドへの割込メニューが表れる。
ホイールスクロール		そのまま転がすと図面の拡大縮小、[Ctrl]キーを押しながら転がすと、図面の上下スクロールになる。
ホイールクリック		動作中のコマンドへの割込メニューが表れる。
ホイールドラッグ		ホイールを押し込んだままドラッグすると、マウスポインタが になり、画面移動する。

補足

ホイールの動作は、「表示」－「オプション」で変更できます(Part1 14.2「(4)マウスホイール」参照)。

3.2 作図補助機能

作図補助機能としては、グリッド、角度制限、スナップなどがあります。

(1) グリッド（格子点検索）

グリッドとは、作図図面に方眼紙のように任意の間隔で点を表示する機能です。マウスはすべて、その点の上に固定されます。なお、グリッド設定は、縦と横にそれぞれ別々の間隔を指定できます。また、グリッドの基準点も任意の位置に指定できます。

グリッドを表示している時は、グリッド点のみが検出されるので、それを利用することによってスムーズに正確な作図ができます。グリッドは画面上に点で表示され、カーソルはこの点にスナップされます。

ツールバーのグリッドのアイコン G をクリックするか、キーボード上の［G］を押すことで表示されます。再度クリックすると非表示になります。

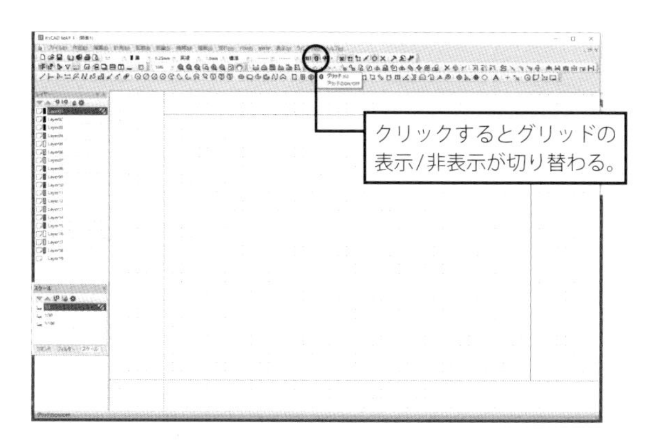

(2) 角度制限

あらかじめ設定しておいた角度のみに、動作を制限する機能です。

［Shift］キーを押している間は、直前の座標からの角度に制限されます。これにより、水平、垂直、45°、30°など指定した一定の角度で作図・編集することができます。

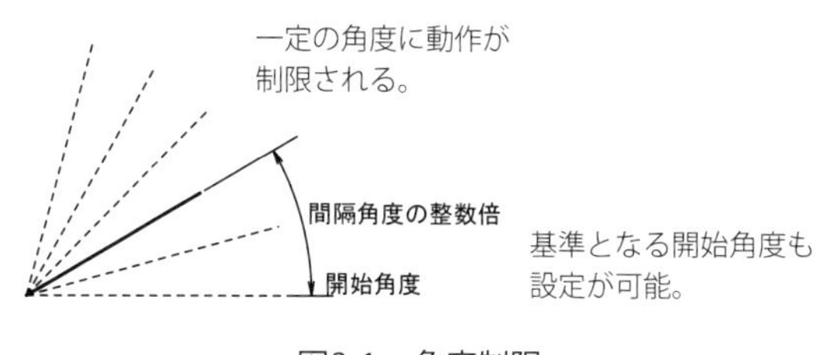

図3-1　角度制限

(3) グリッド・角度制限の設定

グリッドおよび角度制限の設定は「ファイル」—「図面設定」の「グリッド等」のタブより行います。設定された座標・間隔・角度は、現在作図中の「スケール」(Part 1「6.2 スケール（尺度）」参照) に従って適用されます。

図3-2　グリッド・角度の設定

[A基点座標]：グリッドの基点となる座標を指定します。

[B幅・高さ]：グリッドの間隔を指定します。“幅と高さは常に用紙実寸”にチェックを入れると、スケールを変更してもグリッドの図面上の間隔は変わりません。

[C角度制限]：開始角度および間隔角度の設定を行います。

(4) 参照点

通常マウスで最後にクリックした点を、参照点といいます。作図エリア上で「×」で表示されます。角度制限や割込コマンドの一部は、この参照点を利用します。

「ファイル」—「参照点変更」を実行して、コマンドの実行中に参照点を任意の位置に変更できます。

また、キーボードから座標入力する際に、参照点からの相対位置で入力することができます (Part 1「4.1 数値入力」参照)。

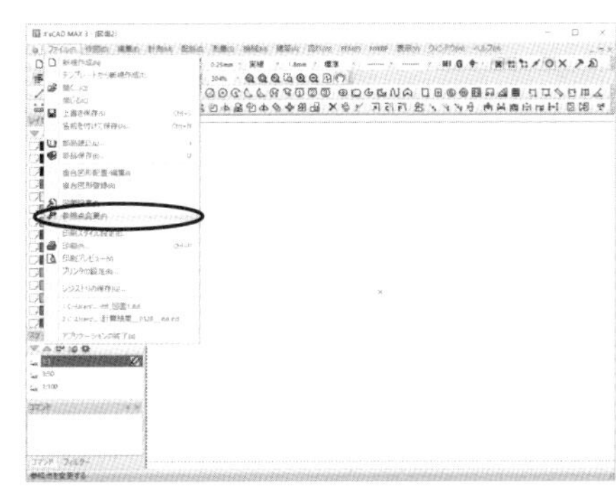

図3-3　参照点変更

(5) スナップ（座標検索）

自動的に既存の点に吸着することをスナップといいます。すでに書かれている図形の一点を正確にクリックすることは、目で確認しただけでは正確ではありません。画面上ではピタリとくっついているように見えても実際はずれています。スナップはすでに書かれた図形の頂点、中点、中心点あるいはグリッドなどに、ピタリと合わせて正確な図形を書くのに使います。

スナップには表3-2に示すような、スナップの検出モードがあります。

表3-2　スナップのモードと検出内容

モード	検出内容
任意点	点の検出をしない。
自動検出	端点および交点の点検出を自動で行う。 その他は検出しない。
端点	線分や円弧の端点。 図形の端点近くを指示すると入力点として検出する。
交点	線分や円・円弧などが交差する点。 交点近くを指示すると交点を入力点として検出する。
中点	線分や円弧の中点。 円や円弧を指示するとその中点を入力点として検出する。
中心点	円や円弧の中心点。 図形上を指示すると中点を入力点として検出する。
近接点	線分や円・円弧などの近接点。 図形上を指示すると線上の最も近い点を検出し入力点とする。
四半点	円・円弧などの四半点。 円や円弧を指示するとその0°90°180°270°を入力点として検出する。
グリッド	グリッド表示時にグリッド点上を検出。 この機能は要素に対して行うのではなく、マウスカーソルがグリッド点上にしか移動しない。

図凡例　　・:指示位置　　□:スナップできる範囲

4. キーボードの基本的な使い方

図面の作図には、正確な値での入力も必要になります。キーボードからは正確な数値入力ができます。座標・角度・長さ、それぞれの場合において、キーボードから入力できます。そして、入力時に＋－×÷（加減乗除）などの四則演算もできます。また、ショートカットキーを設定することで効率的な作図作業ができます。

4.1　数値入力

［Tab］キーを押すと、入力ウィンドウが開き数値入力ができます。また、コマンド動作中に、キーを打ち始めるとウィンドウが自動的に開き、入力できるようになります。

（1）座標入力（点指示）

XとYの間に、スペースまたは“，”を入れます。通常は相対座標入力となります。先頭に“［”を入れると絶対座標入力になり、XとYを“<”で区切ると極座標入力になります。

補足

極座標とは基準点からの距離と角度で示す座標です。

［例］100,30　　：参照点より（100, 30）移動した点
　　　［50+30,20］：原点より（80, 20）移動した点
　　　10+5*4<20　：参照点より20°方向に30移動した点
　　　［50<45　　：原点より45°方向に50移動した点

また、数値入力欄の下にある選択項目から、標準の入力方式を“相対座標”“絶対座標”“用紙中心”のいずれかに切り替えることができます。

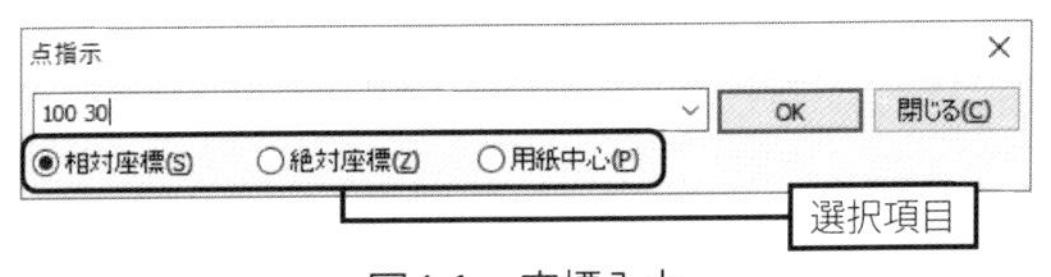

図4-1　座標入力

（2）角度入力

通常は度の入力となります。先頭に“r”を入れるとラジアンとなり、数値を“m”や“s”で区切ることにより度分秒で、“：”で区切ることにより勾配での入力になります。

［例］45.12+5　：50.12°
　　　r3.1415　：3.1415ラジアン
　　　12m34s5：12°34′5″
　　　100：5　：X=100, Y=5 の勾配

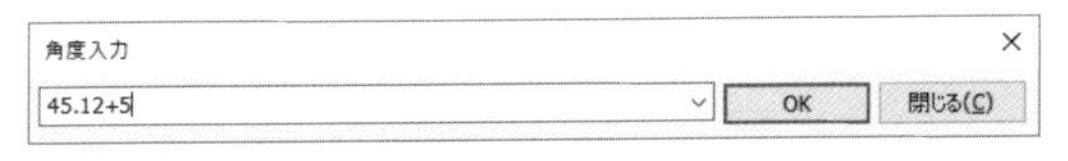

図4-2　角度入力

(3) 長さ入力

入力値がそのまま長さになります。

[例] 1000　　　：1000mm

　　 50*2+10 ：110mm

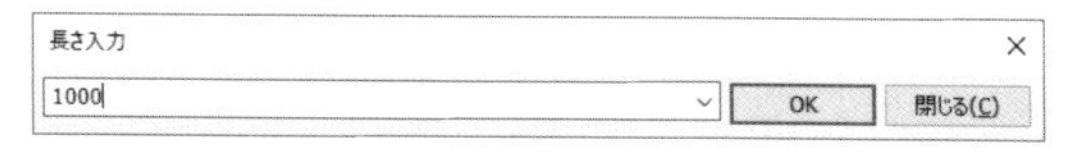

図4-3　長さ入力

(4) 参照入力

それぞれの入力方式に加えて、共通する機能として以前入力した値を参照することができます。入力ボックスの下矢印をクリックし、選択してください。

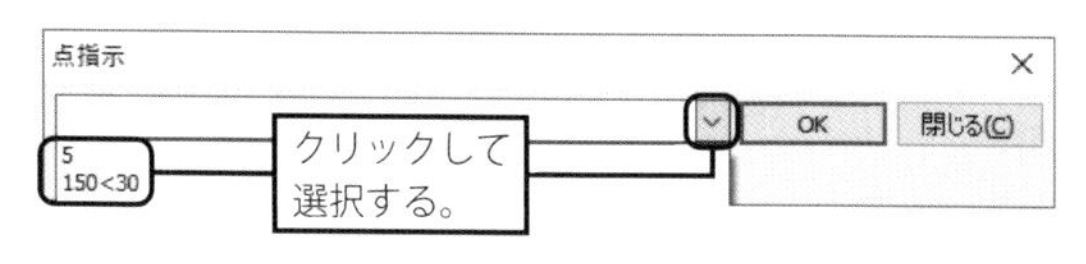

図4-4　参照入力(共通)

4.2　ショートカットキーの活用

キーボードの各キーにショートカットキーの設定ができます。通常、コマンドはメニューバーやツールバーから選択しますが、ここでキーボードとの対応付けを設定すると、そのキーを押すだけでコマンドが実行できるようになります。

(1) キーボードのカスタマイズ

ツールバー上で右クリックすると、プルダウンメニューが表示されます。リスト最下部の「カスタマイズ」を選択すると、図4-5に示す「カスタマイズ」の画面が表示されます。

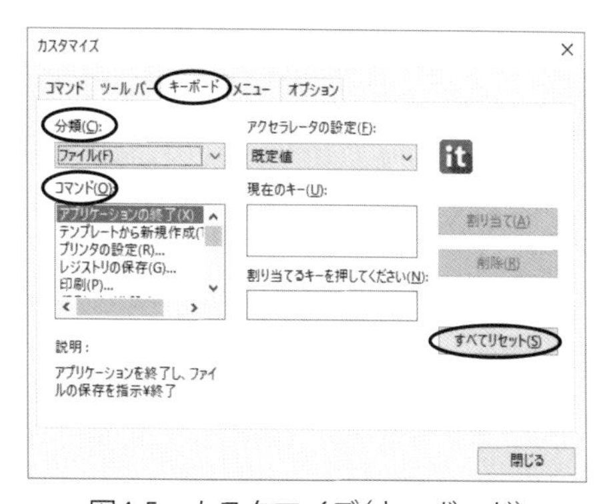

図4-5　カスタマイズ(キーボード)

「キーボード」のタブを選択し、左側の「分類」と「コマンド」の組み合わせですべてのコマンドの選択ができます。右側にはそれに割り当てられているショートカットキーが表示されています。キーを設定するには左側から、該当するコマンドを選択し、右側のウィンドウで直接入力します。“すべてリセット”を押すと最初の設定に戻りますので、動作がおかしくなったときなどに使います。キーの登録には、[Ctrl]や[Shift]を併用することができます。

(2) ショートカットキー一覧

it'sCADに初期設定されているショートカットキーの一覧を表4-1に示します。

表4-1　ショートカットキー

キー	動作内容	キー	動作内容
[Tab]	キー入力ダイアログの表示	[Home]	基準表示:用紙全体を表示
[Esc]	実行中コマンドの操作を一手戻す 割込コマンドの終了	[End]	前画面表示:前の表示画面を表示
		[PageUp]	中心拡大:画面拡大
		[PageDown]	中心縮小:画面縮小
[F1]	実行中のコマンドのヘルプを表示	[F6]	中点を検出モード
[F2]	自動点検出モード	[F7]	中心点を検出モード
[F3]	端点を検出モード	[F8]	四半点を検出モード
[F4]	交点を検出モード	[F9]	検出なしモード
[F5]	近接点を検出モード		
[↑]	上にパン(表示位置を上へ移動)	[→]	右にパン(表示位置を右へ移動)
[↓]	下にパン(表示位置を下へ移動)	[←]	左にパン(表示位置を左へ移動)
[A]	半径円弧	[N]	対角四角形
[B]	部分消去:要素の一部分を削除	[O]	オフセット
[C]	半径円	[P]	点移動:指定要素の点を移動
[D]	点	[Q]	要素寸法:指定要素の寸法を書く
[E]	消去	[R]	再描画
[F]	フィレット:角を丸める	[S]	ストレッチ
[G]	グリッド:グリッドの表示・非表示	[T]	文字:図面に文字を書く
[H]	線ハッチング	[U]	部品保存
[I]	部品読込	[V]	垂線:指定線分の垂線を引く
[J]	2点間計測	[W]	座標計測
[K]	連続線:連続して線を引く	[X]	XY線
[L]	線	[Y]	要素の情報/編集
[M]	移動	[Z]	枠拡大
[Ctrl]+[N]	名前を付けて保存	[Ctrl]+[Y]	リドゥ:アンドゥをやり直す
[Ctrl]+[P]	印刷:図面の出力	[Ctrl]+[Z]	アンドゥ:操作のやり直し
[Ctrl]+[S]	上書保存		

図形の性質

角度

・直線

交差する直線における対角は等しい。

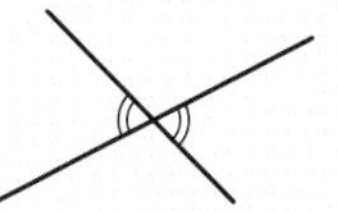

平行線において
1. 錯角は等しい。
2. 同位角は等しい。

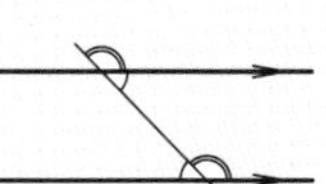

・三角形

三角形の内角の和は、180°である。

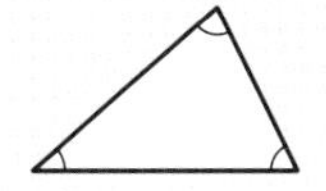

三角形の外角は、それと隣り合わない2つの内角の和に等しい。

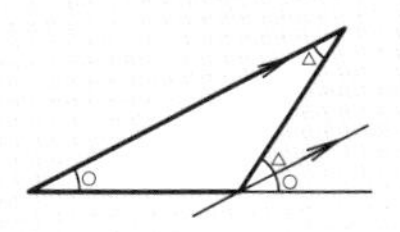

・多角形

n角形の内角の和は、(n－2)×180°である。

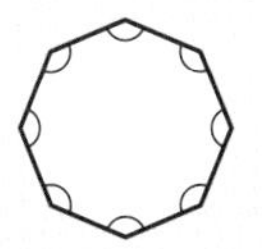

n角形の外角の和は、すべて360°である。

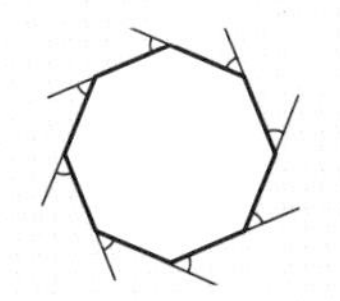

三角形 -1-

合同条件

1. 2辺と挟角が等しい。

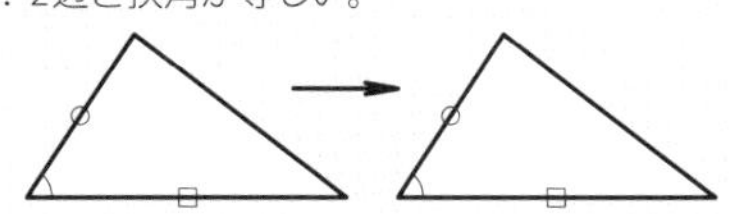

2. 2角と挟辺が等しい。

3. 3辺が等しい。

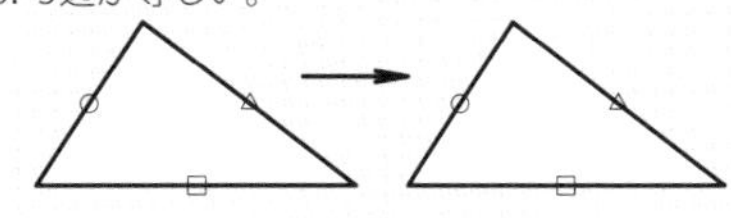

相似条件

1. 2角が等しい。

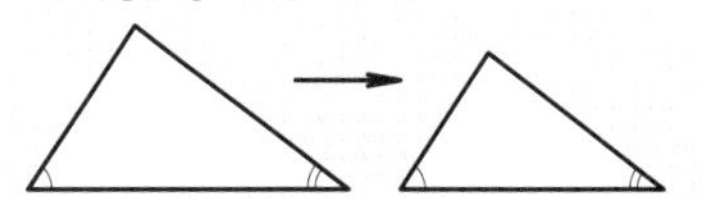

2. 2辺の比と挟角が等しい。

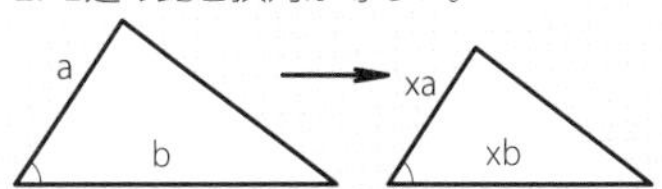

3. 3辺の比が等しい。

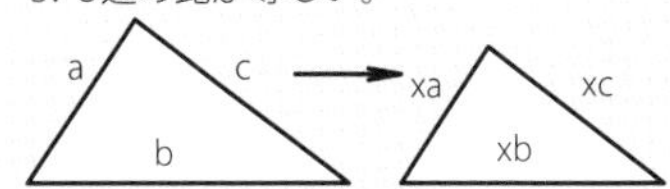

三角形 -2-

直角三角形の三辺の比

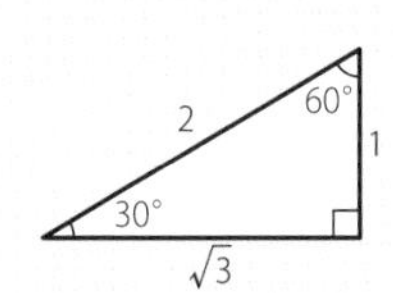

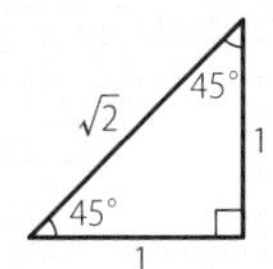

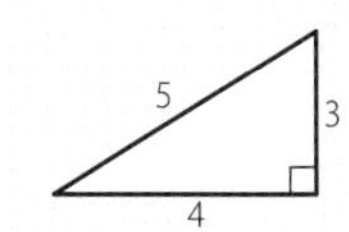

5. レイヤーの基本と設定の仕方

レイヤーは作図する上で、とても重要な機能です。CAD以外のアプリで、デザインや組版（DTP：雑誌・書籍のレイアウト）などでも欠くことのできない機能です。すべての要素はレイヤーのいずれかに書き込まれています。レイヤーを理解し有効に使うことで作業効率は格段に向上します。

5.1 レイヤー

レイヤーは図5-1のように何枚かの透明なシートに図形を分けて書き、それを重ねて図面を構成させる考え方です。作図はこのレイヤーを目的に合わせて分類し、そこに書き込んでいく方法で行われます。

各レイヤーには、それぞれ表示属性と検出属性があり、ON/OFFを切り替えることによってスムーズに作図できます。

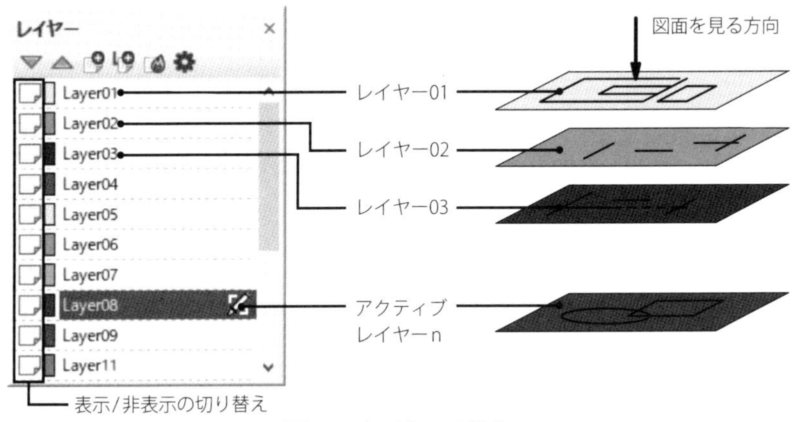

図5-1　レイヤーの概念

SXFのレイヤー（土木CAD製図基準）

業務内容によって、CAD基準が規定されています。表5-1に具体例を示します。CAD基準に示されていないレイヤー名については、構成要素を考慮してレイヤー名称を新たに決定できます。レイヤーは、業務の内容によって異なります。CAD基準では、標準的に使用されるレイヤーを示したものです。

https://committees.jsce.or.jp/cceips03/system/files/JSCECAD05.pdf

表5-1　レイヤー名称の構成例

図面オブジェクト	作図要素	レイヤーの内容	線色
TTL		外枠	黄
	FRAM	タイトル枠	黄
	LINE	区切り線、罫線	白
	TXT	文字列	白
	BAND	縦断図の帯	白
BGD		現況地物	白
	HICN	等品線の計曲線	赤
	LWCN	等高線の主曲線	白
	CRST	主な横断構造物	白
	ETRL	推定指ホ層線	白
	RSTR	ラスタ化された地図	ー
	EXST	特に明ホすべき現況地物	白
	BRG	ボーリング柱状図	白
	BNDR	地質境界線	白
	EXPL	物理探査データ	白
	BNDF	土質分布	任意
	DIM	寸法線、寸法値	白
	TXT	文字列	白
	HTXT	旗上げ	白
BMK		構造物基準線（道路中心線等）	黄
	SRVR	基準となる点（座標ポイント）	緑
	ROW	用地境界	橙
	HTXT	旗上げ	白

5.2 レイヤーの活用法

レイヤーの使い方の一例として機械図面では、外形線とそこに開ける穴などの加工部分、そして寸法線などの図形をそれぞれレイヤーごとに書いていくと、形状データだけ取り出したい場合などに都合がよくなります。また、組立図などの場合には部品ごとにレイヤーを用意し、作図（もしくは部品の読込など）しておけば、必要な部品を取り出すことが容易になります。

作図するときに、要素の種類によって書き込むレイヤーを変えていくと、後で図面を編集するときに変更不要なレイヤーを「非表示」や「ロック」にしながら作業できます。

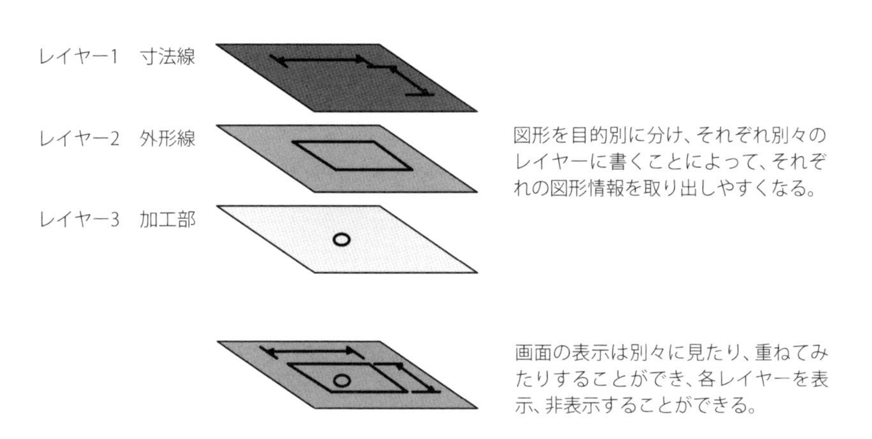

図5-2　レイヤーの使用例

また、レイヤーごとに座標系・色・線種・線幅の初期値を設定できます。さらに、レイヤーの順序を並べ替えることにより、中心線や補助線など一般的に一番下に書かれてほしいものを、意図した順序で表示・印刷できます。さらに、階層化することにより、複数のレイヤーをまとめて管理できます。

その他機械系図面以外でも、様々な利用方法が考えられます。例えば、建築系の場合は平面図、設備図など、土木系での配筋図の場合は、躯体、配筋、寸法などにレイヤーを使い分けることが考えられます。

補足

要素とは、線や円など図面を構成する最小単位です。

5.3　レイヤーの設定方法

各レイヤーには、色・線種・スケールなどの初期値をあらかじめ指定することができます。使用中のレイヤーはアクティブレイヤーといい、図形を書いたときにはアクティブレイヤーに書き込まれます。

(1) レイヤーリスト

レイヤーに関するすべての作業は「レイヤー」リストから行います。

なお、ロックされたレイヤーは表示されますが、要素選択ができなくなります。

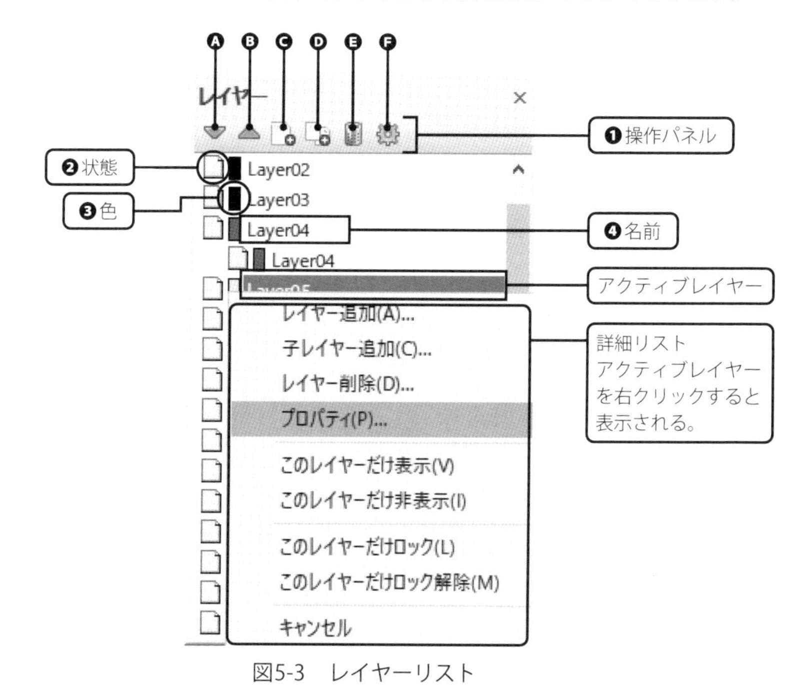

図5-3　レイヤーリスト

表5-2　レイヤーリストの各部名称と機能

名　称	機　　能
❶操作ボタン	左から順番に「Ⓐ上へ移動」、「Ⓑ下へ移動」、「Ⓒ新規追加」、「Ⓓ子レイヤーを追加」、「Ⓔ削除」、「Ⓕ設定」です。
❷状態	左クリックで「表示/非表示」の切替、[Ctrl]キーを押しながら左クリックすると「通常/ロック」の切替が行えます。 要素があるレイヤーにはマークが表示されます。
❸色	レイヤーの初期色が設定されている場合、ここに表示されます。
❹名前	レイヤーの名前が表示されます。 アクティブレイヤーは、レイヤー名が反転表示されます。右クリックするとさらに詳細メニューが表示されます。

(2) レイヤーの設定

レイヤーの名前をダブルクリックすると、図5-4に示す「レイヤー設定」画面が表れます。

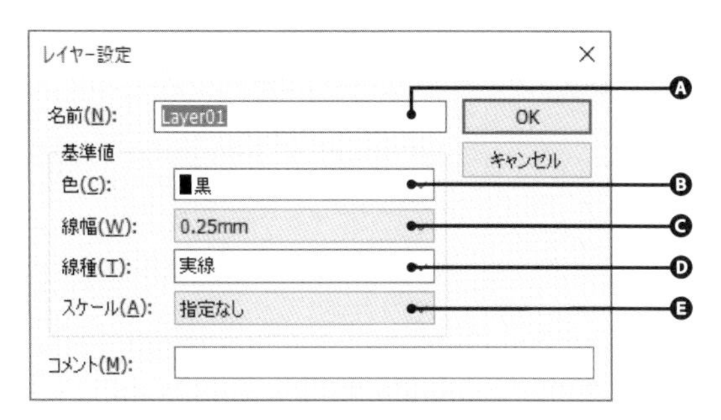

図5-4　レイヤー設定

ボタンを押す前に、複数のレイヤーを事前に選択してから行うと、設定をまとめて行えます。Ⓐレイヤー名のほかに、Ⓑ色、Ⓒ線幅、Ⓓ線種、Ⓔ座標系の初期値を決めることができます。"指定なし" を選ぶと、特に初期値は設定されません。

補足

- 操作ボタンの「Ⓕ設定」をクリックするか、詳細リストのプロパティを選択することでも「レイヤー設定」画面が表示されます。
- アクティブな状態で、同一レイヤー上に異なるスケールにて作図することはできますが、通常は1つのレイヤーでは1つのスケールを設定します。

(3) レイヤー間の要素移動

レイヤー上の一部または全部の図形を他のレイヤーに移動するには、「編集」―「要素の情報/編集」を使うと簡単に行えます（Part 1「9.4 要素情報の編集」参照）。

図5-5　レイヤー移動

6. 座標系・スケール（尺度）の基本

製図を始める際にまず決めるのがスケール（尺度）です。スケールは製図の目的や内容によって決めます。CADにおいて座標系は、X軸、Y軸のとり方により、数学座標系か測量座標系のどちらかを使用します。そして、図形を書く際の基準となる原点には、絶対原点および相対原点があり、それぞれの原点に対応して座標が入力されます。

6.1 座標系

座標系は様々ありますがCAD製図においては、機械部品や土木建築の構造物などの製図には数学座標系が、地図や構造物の位置などを表すには測量座標系が用いられます。

座標入力による点の指定には絶対座標入力と相対座標入力があります。

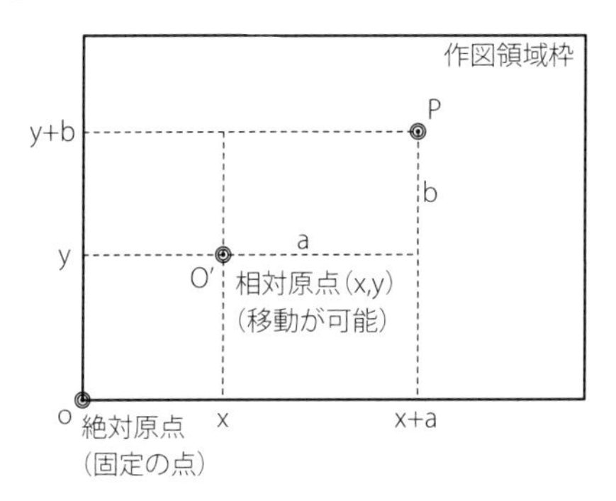

図6-1　絶対座標と相対座標

(1) 絶対座標入力と相対座標入力

• 絶対原点と相対原点

絶対原点は、用紙枠の左隅下にあるのが普通で、不動の点です。図形などの位置決定において内部的にはこの原点が基準となります。

これに対し、相対原点は、ある任意の点に原点を移動することができ、それを基準に座標値を決定することができます。通常、原点といっているのは相対原点であることが多いといえます。相対原点を基に作図された図形は、絶対原点を基準とした座標データとして保存されています。

• 絶対入力と相対入力

絶対入力とは、絶対原点を基準とした座標値の入力であり、相対入力とは相対原点を基準とした座標値の入力です。

縦横の長さで四角形を書こうとする場合、図6-1に示すように絶対入力ではP点は（x+a, y+b）となります。相対入力は、相対原点を「O'」に移動することで直接的な数値（a, b）で入力できます。

また、最後に入力された点を基準として座標値の入力をする方法もありますが、これは相対入力です。

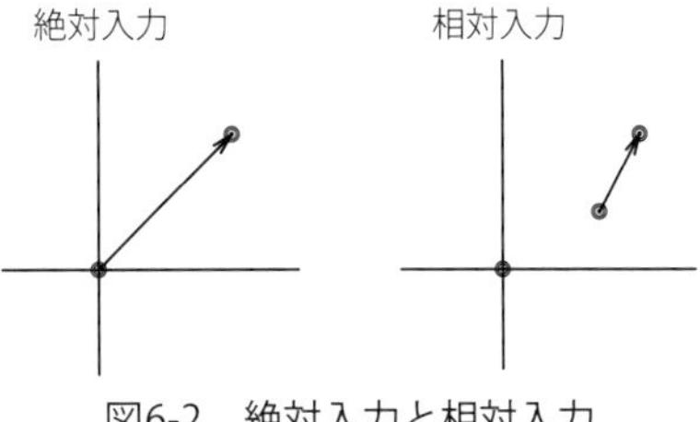

図6-2 絶対入力と相対入力

(2) 数学座標系と測量座標系

製図にあたっては、数学座標系（X軸は水平、Y軸は垂直、角度は反時計回り）と測量座標系（X軸は垂直、Y軸は水平、角度は時計回り）のどちらかを選びます。角度の基準はどちらの座標系を選んでも、X軸の正方向が0°となります。

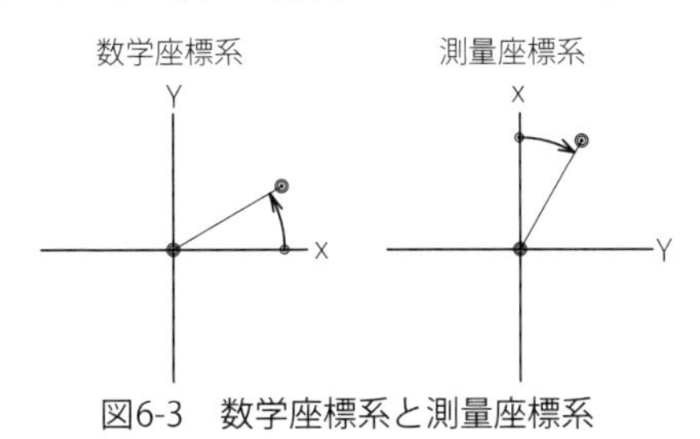

図6-3 数学座標系と測量座標系

補足

座標系には、XY方向の距離で示す一般的な座標系以外に、基準点からの距離と角度で示す極座標があります。

6.2 スケール（尺度）

CAD図面は、原寸通りに作図しますが、出力領域（用紙、ディスプレイなど）には制約があるため実際の何分の一かに縮小して作図作業を行います。逆に、主な投影図のなかの詳細部分が小さすぎて寸法を完全に示すことができない場合には、その部分を拡大図として示します。なお、X方向とY方向で異なる歪スケールを設定することもできます。

また、スケールは書かれる対象物の複雑さや、表現する目的に合うように選びます。書かれている情報を、容易にかつ誤りなく理解できる大きさのスケールを選ばなければなりません。

6.3 座標系およびスケールの設定

すべてのコマンドは、現在実行中の「スケール」の設定に基づいて動作します。また、すべての要素は、いずれかの「スケール」（図6-4）に属しています。「スケール」では、スケール（尺度）すなわち倍尺、現尺、縮尺の状態、および座標系すなわち数学座標系または測量座標系の状態を設定します（Part 2「2.1 スケール（scale）」参照）。

(1) スケールリスト

座標系およびスケールの設定・変更は、図6-4に示す「スケール」リストを通して行います。

[❶種類]：数学座標系か測量座標系を表示しています。

[❷名前]：座標系の名前です。現在の座標系およびスケールの名前は、青地に反転文字で表示されます。

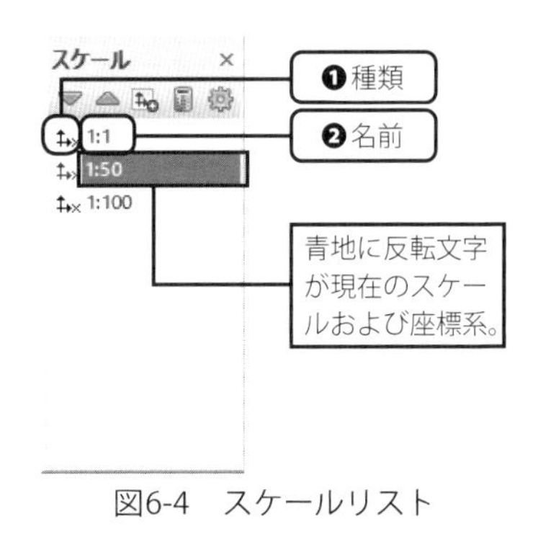

図6-4　スケールリスト

(2) スケール設定

スケールリスト中の名前をダブルクリックするか右クリックで「プロパティ」を開くと、「スケール設定」(図6-5) になります。

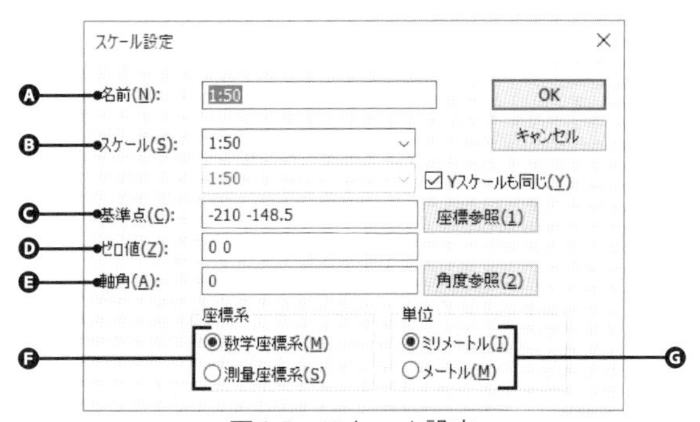

図6-5　スケール設定

「スケール設定」では以下の項目を設定できます。

[Ⓐ名前]　：スケールの名称。

[Ⓑスケール]：倍尺、現尺、縮尺などのスケールを"A：B"として設定します。"Yスケールも同じ"のチェックを外しY方向のスケールを指定すると、歪スケールになります。

[Ⓒ基準点]　：X軸とY軸の交差する座標（絶対原点）。

[Ⓓゼロ値]　：原点の値を指定します。

[Ⓔ軸角]　：X軸の方向（通常は"0°"を指定）を決めます。

[Ⓕ座標系]　：数学座標系と測量座標系のどちらかを選びます。

[Ⓖ単位]　："ミリメートル"と"メートル"のどちらかを選びます。

スケールを変更した際には、既存の図面を新たなスケールにあわせて、拡大縮小することができます。

6.4 スケールの混在と歪スケール

同一図面内にスケールの異なる図が2つ以上作図されることがよくあります。CADにおいてはこのような場合、必要に応じて自由かつ簡単にスケールの設定ができます。また、作図後に変更することも非常に簡単に行えます。また、1つの図において縦方向と横方向（X方向とY方向）のスケールが異なる場合を歪スケールといいます。

(1) 異なるスケールの混在

同一図面内のスケールは、同一であるのが望ましいのですが、対象物の一部を拡大する場合など異なったスケールの図が混在することがよくあります。機械図面において倍尺を採用した図面には、その傍らに現尺の略図を付記して実物の大きさが分かるようにすることがよく行われます。この場合は現尺の図は簡略化して対象物の輪郭のみを示したものが使われます。

土木図面や建築図面では計画平面図に案内図を添付することがあります。また、建築図面では、平面図に付随したスケールの異なる設備図や矩計図などの図面を書くこともあります。

スケールが混在した図面を書く場合には、通常レイヤーごとにスケールを変えて書きます。

(2) 歪スケール

河川の横断図を例に取ると、一般に川幅が数百メートルに対して川の深さ（高低差）は数メートルくらいしかないことはよくあります。この場合、そのまま作図すると、図6-6(a) に示すように河床形状はほぼ一直線となり、図化する意味はありません。そこで歪スケールを採用して図6-6(b) のように表します。さらに河川の縦断図においては、長さ数キロメートルに対して高低差はごく僅かで、歪スケールを使わずに表現することは不可能となります。また、下水道の縦断図も同様のことがいえます。

このような場合、CADにおいてはX方向とY方向のスケールを自由に設定できるため、簡単に作図できます。

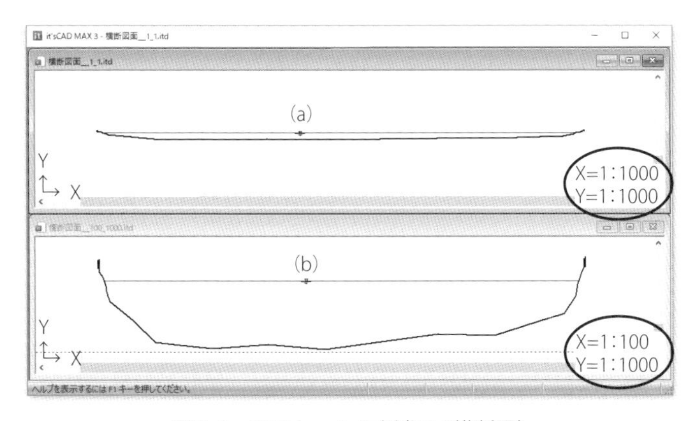

図6-6　歪スケールの例（河川横断図）

7. 作図作業の基本

作図とは与えられた条件に合った図形を作ることです。例えば、2点を通る直線を引くことや与えられた中心や半径などで円を書くことです。CADでは作図のための便利なコマンドがあります。また、より効率良くするためにはいくつかのポイントがあります。特に重要なテクニックは、グリッド、レイヤーの機能です。さらに、表示機能の活用も大切です。

7.1 作図作業の流れ

CADの作図、編集作業は一般的に次のように進めます。

1 コマンドを選択します

メニューバーからコマンドを選択するか、ツールバーからアイコンをクリックします。

2 メッセージを確認します

コマンドおよびステータスバーのメッセージを確認します。

3 次の操作を行います

マウスで指示するか、キーボードより入力します。

4 コマンドを終了します

次に行うコマンドを選択することで、前のコマンドが終了し、次のコマンドが実行されます。

操作に慣れるまでは、ステータスバーを確認しながら操作をします。また使い慣れていても思うように動作しない場合は、再度ステータスバーを確認することをおすすめします。

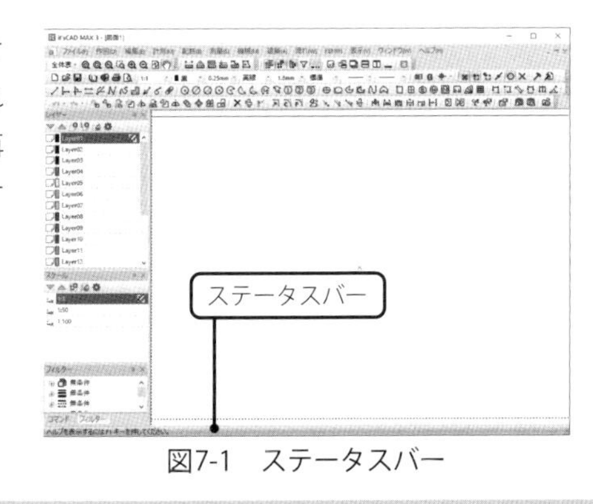

図7-1 ステータスバー

7.2　操作のポイント

次に、作業を進める上でのポイントを挙げます。

Point

1　グリッドは早めに決める

最初にグリッド間隔を決めて、グリッドを使うと正確な図面を書くことができます。
（Part 1「3.2 作図補助機能」参照）

2　補助線の活用

図面の作成にあたって補助線を数本引くとスムーズに作業を進めることができます。

3　編集機能で加工する

要素同士をぴったりつけたいときには、後でまとめて編集したりすると効率よくできます。
（Part 1「9. 編集作業の基本」参照）

4　レイヤーを変える

同じ線でも、種類別にレイヤーを変えて書くと、後で編集が容易になります。
（Part 1「5.2 レイヤーの活用法」参照）

5　目的にあったコマンドを使う

多種にわたる要素があるので、それぞれの目的に合ったものを使って効率のよい作業をしましょう。（Part 1「2.2 コマンドのステップ」参照）

6　コマンドのショートカットを活用

コマンドのショートカットを有効に活用します。効率が上がり時間の節約になります。（Part 1「4.2 ショートカットキーの活用」参照）

これで、CAD図面の作成を快適に行うことができます。

補足

- コーナーの処理は作図するよりも編集で加工した方が簡単にできます。
- 補助線のレイヤーをあらかじめ作成しておき、不要になった時点で削除します。

7.3　作図コマンド

基本図形を書くコマンドとして、「線」、「円」、「楕円」などの作図コマンドがあります。また、「寸法線」や「文字」、「ハッチング」なども作図コマンドに含まれます。

図形の書き方には様々な方法があります。コマンドの使い方を理解し、目的にあった方法を利用することで正確で効率の良い作図ができます（Part 3「2.2 中心線」参照）。

補足

作図の補助機能として、図形の図形情報を表示する計測機能があります。
2点間計測、面積計測、角度計測、座標計測、要素長計測ができます。

8. 表示機能

図面を作成するときに小さな図形を書くこともあれば、逆に大きな図形を書くこともあります。また画面の表示する場所を移動したり、図形の詳細な一部を拡大したり、逆に縮小して全体を表示したい場合があります。

8.1 表示の基本

表示機能とは、ディスプレイ上での拡大表示や移動といった図面を見る視点を変更する機能です。ここでの拡大や移動は、図形要素のデータを変更ではなく、単に要素の表示であることに留意してください。

作図中は自由に表示倍率を変更しながら作業を進めた方が能率的です。また、表8-1に示すショートカットキーを使ってキーボードから直接実行できます。

補足

マウスホイールを使った便利な表示機能もあります(Part 1「3.1 マウスの使い方」参照)。

表8-1 各表示モードの内容

表示モード	ショートカットキー	表示内容
Ⓐズーム		表示倍率を直接指定して表示。
Ⓑ全要素表示		作図されている図形がすべて表示できる最大の倍率に変更し、画面全体に表示。
Ⓒ基準表示	[Home]キー	図面(用紙)全体を表示。
Ⓓ前画面		1つ前の表示画面を表示。
Ⓔ枠拡大	[Z]キー	対角の2点を指示して、その矩形内を画面全体に表示。
Ⓕ拡大表示 Ⓖ縮小表示	[PageUp]キー [PageDown]キー	現在表示されている中心位置を中心として、あらかじめ設定した倍率で画面を拡大・縮小する。 倍率は設定機能の中で変更可能。
Ⓗ再表示	[R]キー	削除や移動といった編集作業で図形が重なり合っている場合、図形の表示が消去されてしまうことがある。これは見た目上、消えただけで実際に削除されたわけではない。画面上の表示されていない要素を、表示し直すことが再表示。

8.2　ズーム（表示）の操作

表示の操作は主にツールバーのズームを使います。各アイコンの表示内容は図8-1のようになります。

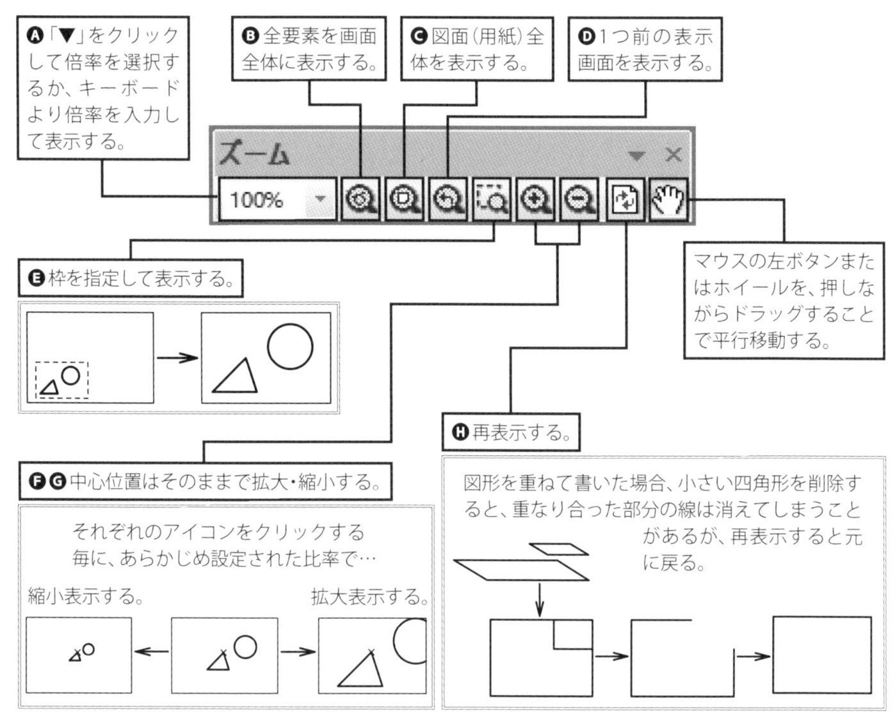

図8-1　ズーム（ツールバー）

補足

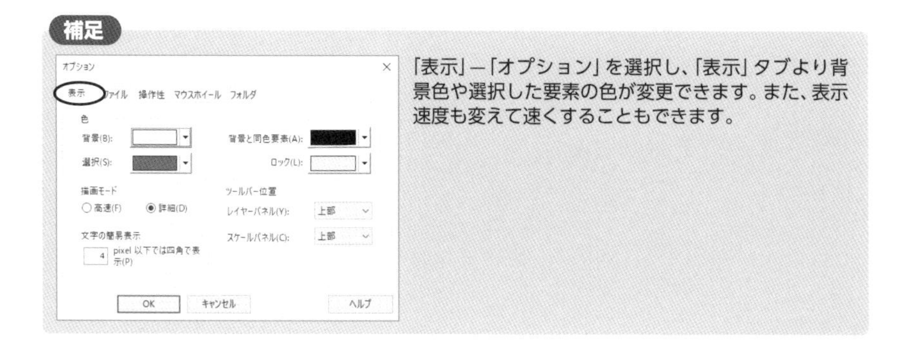

「表示」－「オプション」を選択し、「表示」タブより背景色や選択した要素の色が変更できます。また、表示速度も変えて速くすることもできます。

9. 編集作業の基本

編集とは、すでに書かれている図形に対して、その図形要素を加工（編集）することです。加工（編集）するとは、図形要素を消去したり、移動や複写したり、角丸めや要素の引き伸ばし（ストレッチ）することです。そこで、編集を行う場合、図形要素を効率よく的確に選択することが重要となります。

9.1 消去・アンドゥ（UNDO）とリドゥ（REDO）

CADで使う主な編集機能には、主に「消去」「移動・複写」「変形・変更」の3種類あります。また寸法の編集も行えます。失敗してもアンドゥにより無制限にやり直しができ、安心して作業を進めることができます。

単要素から複数の図形に至るまで、また単要素の一部分を消去することもできます。

アンドゥとは、直前に実行した操作をやり直すことです。誤った図形を書いたり消去したり、または移動（複写）などの位置を間違えたりした場合によく用いられます。この操作で無制限に前の状態に戻すことができます。

リドゥは、アンドゥで戻された操作の取消しのことをいいます。

9.2 移動・複写

単要素から複数要素まで、簡単に移動、複写ができます。

また、回転または拡大して移動、複写ができます。

そして、閉図形のオフセットもできます。

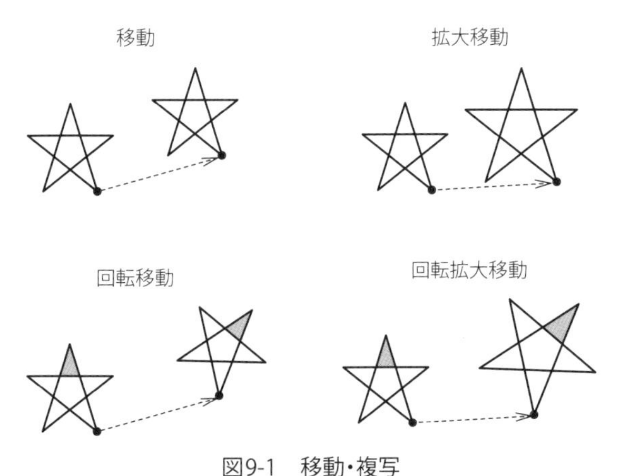

図9-1　移動・複写

9.3 変形・変更

複数要素の引き伸ばし（ストレッチ）や、コーナー処理、属性の変更などがまとめてできます。その他、点や要素の伸縮、切断などが行えます（Part 3「3.2 コーナー処理」参照）。

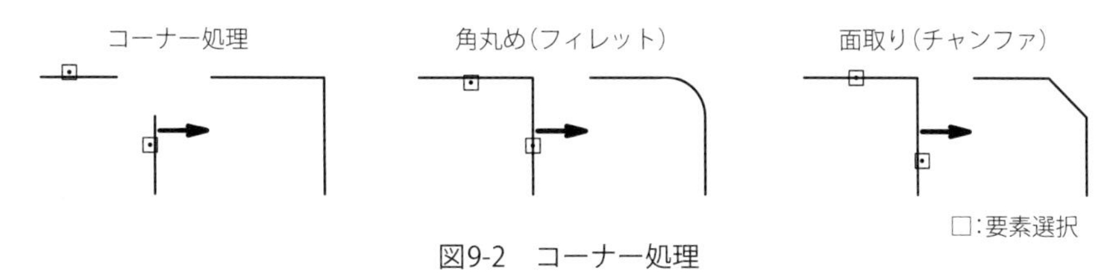

図9-2　コーナー処理

ストレッチとは、図形の一部を伸縮したり、変形したりする機能で、記入されている寸法は連動して数値も変更されます。

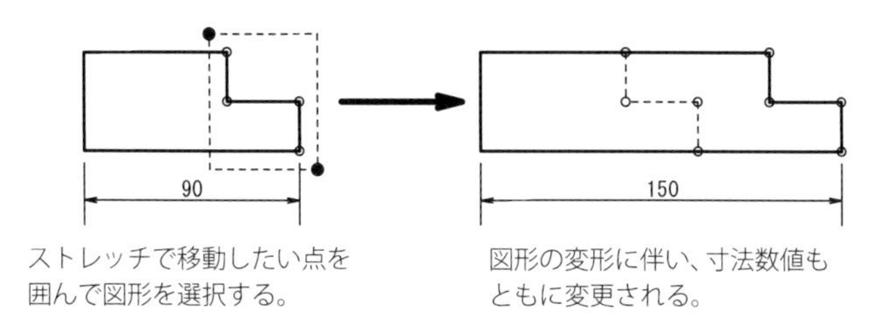

図9-3　変形(ストレッチ)

9.4　要素情報の編集

オブジェクトの内容を編集したい場合には「要素情報の編集」コマンドを使用します。「編集」—「要素情報の編集」を選択して、編集したい要素を選択して右クリックすると図9-4のようなダイアログが表示されます。ここで色や線幅、線種、レイヤー、スケールの他、数値なども修正できます。

また、ダイアログが表示された時点で、これらの数値データはクリップボードに保存されています。これをエクセルやエディターなどにコピーすることにより、他のアプリケーションでもデータを再利用することができます。

図9-4　要素のプロパティ

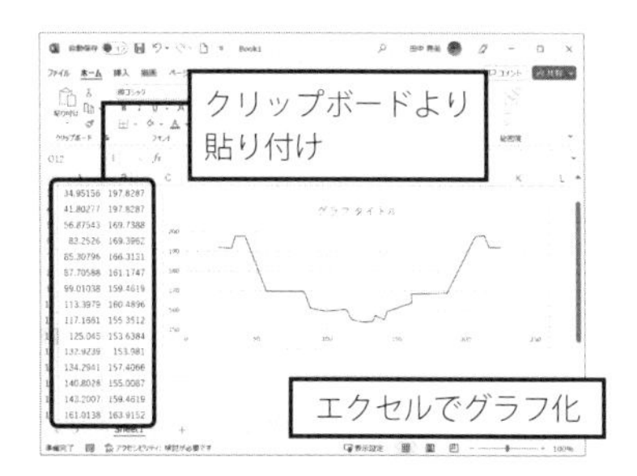

図9-5　数値データをエクセルでグラフ化

10. 要素選択

図形を編集するには、図形の要素を選択する必要があります。要素選択の方法としては、単選択や枠を使う方法と「フィルター」によって絞り込む方法があります。修正（編集）するためにはどの方法が良いか、目的に合わせて様々な要素選択機能を利用することが要求されます。

10.1　枠による選択

要素を選択する方法は、表10-1に示すように単選択、枠内選択、枠掛選択、枠外選択、線掛選択の5種類があります。

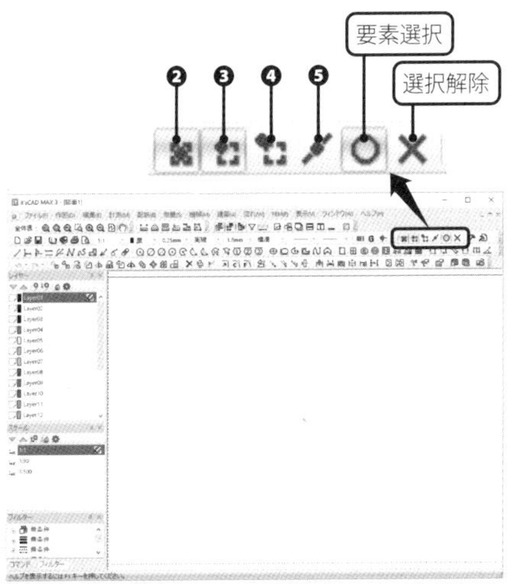

表10-1　各要素選択モードの選択内容

選択モード	選択される要素
❶単選択	左クリックした点を中心に最も近い要素を1つだけ選択。他の要素選択モードに関係なく使える。
❷枠内選択	左ドラッグで囲んだ枠に完全に収まる要素をすべて選択。
❸枠掛選択	左ドラッグで囲んだ枠とぶつかる要素をすべて選択。
❹枠外選択	左ドラッグで囲んだ枠の外側にある要素をすべて選択。
❺線掛選択	左ドラッグで結んだ線と交差する要素をすべて選択。
フィルター	条件を付けた要素のみ選択。

たとえば、図10-1に示す3つの線要素を点線で示した枠で選択した場合、以下のようになります。

- 枠内選択では㋺が選択されます。
- 枠掛選択では㋑が選択されます。
- 枠外選択では㋩が選択されます。

また、枠内や枠掛および枠外は組み合わせて使うことができます。

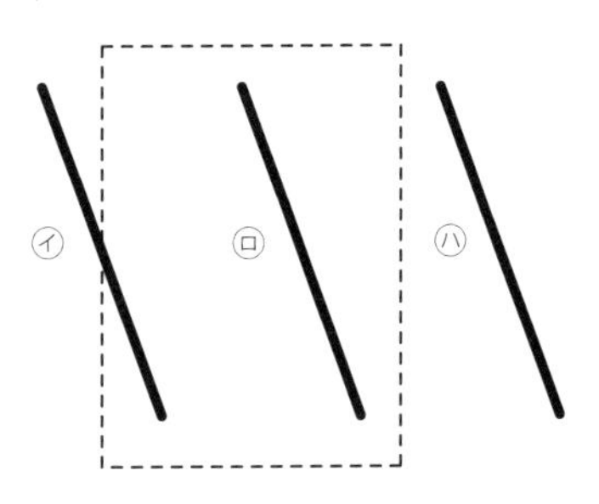

図10-1　要素の選択方法

そして指定した要素を「選択/解除」の切替をすることができ、[Shift] キーを押しながら選択すると、「選択/解除」が一時的に反転します。

さらに、具体的な図形の例題で示すと図10-2のようになります。

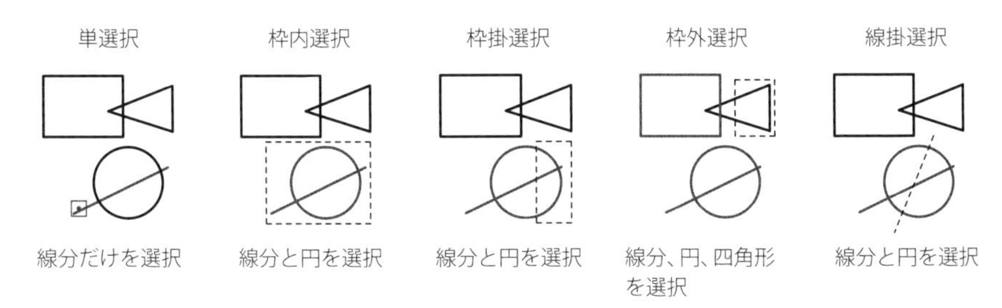

図10-2　要素選択の例

10.2　フィルターによる絞り込み

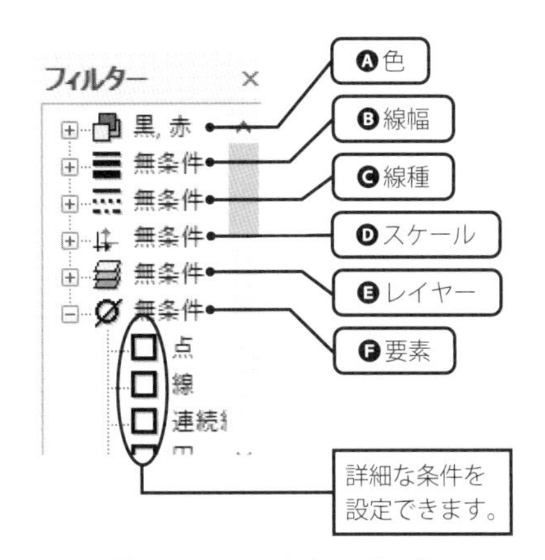

図10-3　フィルターリスト

フィルターを使うと、任意の条件にあった要素を選択できます。条件付けできるのは、Ⓐ色、Ⓑ線幅、Ⓒ線種、Ⓓスケール、Ⓔレイヤー、Ⓕ要素の種別です。標準ではすべて無条件（絞り込みなし）になっています。

絞り込みの設定は、「フィルター」リストで行います。「□」にチェックを付けた項目のみ、要素選択できるようになります。

補足

線種の項目で「上記以外」とは、線種のない要素(文字や寸法など)のことです。

11. 要素や環境をまとめる

いくつかの要素がある程度かたちが決まっている場合は、まとめて管理すると編集しやすくなります。要素をグループ化したり、部品や複合図形を有効に活用することで作業効率が上がります。また、チームで作業をする場合に、作業環境を共有することによりチーム作業の効率が上がるだけでなく品質も向上します。

11.1 要素をまとめて扱う

要素をまとめる方法には、グループと部品および複合図形があります。また画像ファイルの貼り付けも可能です。

(1) グループ

いくつかの要素をひとまとめにします。グループ化されたものは、まとめて編集できます。

(2) 部品

よく使うパターンを部品としてファイルに保存し、再利用できます。

また、メーカーより提供される部品ライブラリから使うこともできます。住宅設備図や衛生器具などは複雑で正確に作図することは大変です。一般的にCADではこうした複雑な形状をした図が、あらかじめ図形ファイルとして標準的に付属しています。なお、住宅メーカーや衛生器具メーカーではCADデータとして無料で提供しています。さらに、その他の作成したデータを部品データとして蓄積しておくと作業効率が向上します。

最初の段階では標準フォルダが開かれますが、参照先を変更することにより、他のドライブ（CDなど）の部品も簡単に読み込めます。

図11-2は建築設備のコンロの部品図の例を示しています。

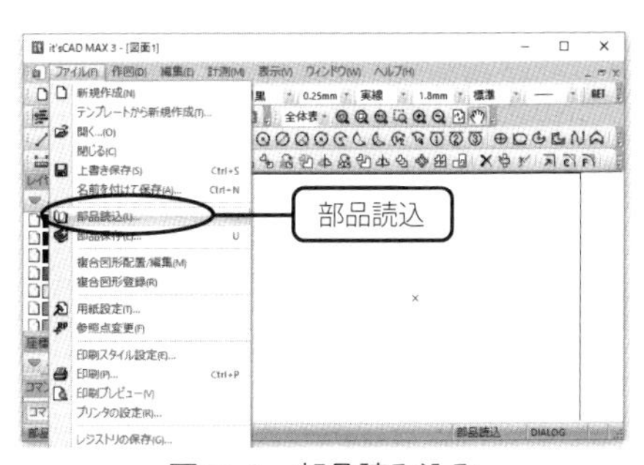

図11-1　部品読み込み

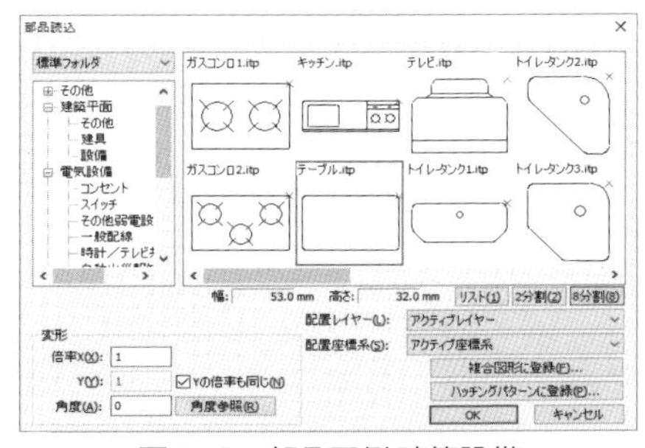

図11-2　部品図例 建築設備

補足

「標準フォルダ」は、通常はCADをインストールしたフォルダの中にある「部品」フォルダです。

図11-3は工事車両の部品図の例を示しています。

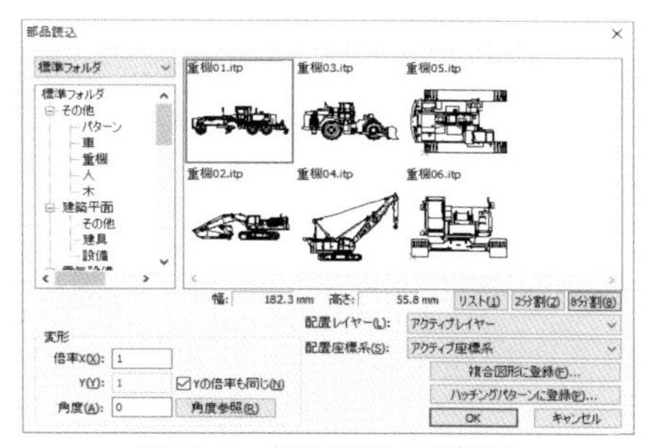

図11-3　部品図例 工事車両

(3) 複合図形

よく使うパターンを複合図形として図面内部に登録し、再利用ができます。また部品を複合図形として登録してから、配置することもできます。

部品の場合は、部品ファイルが別途必要になります。また、複合図形は、図面内部に登録された図形がないと配置できません。

(4) 画像

画像ファイルを図面に貼り付けることができます。貼り付けることのできるものは、BMP、JPEG、TIFFなど、一般的な画像形式です。

通常は図面に画像が埋め込まれて保存されますが、「リンク貼り付け」とすると図面にはその画像への参照情報のみが保存されますので、貼り付けた画像が変更された場合、自動的に更新されます。

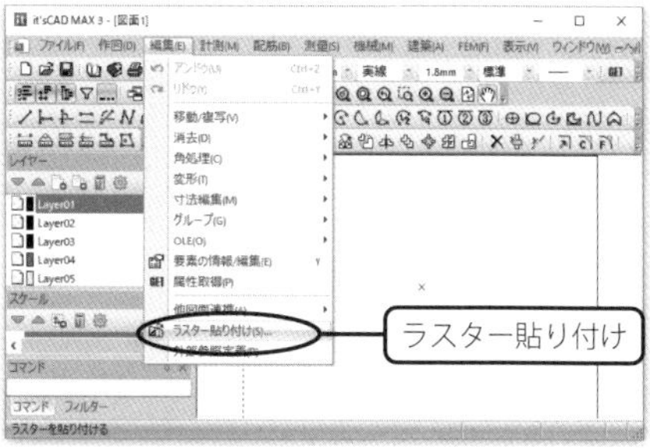

ラスター貼り付け

図11-4　ラスター貼り付け(1)

(5) OLE

OLEに対応したアプリケーションであれば、画像と同じように、貼り付けることができます。

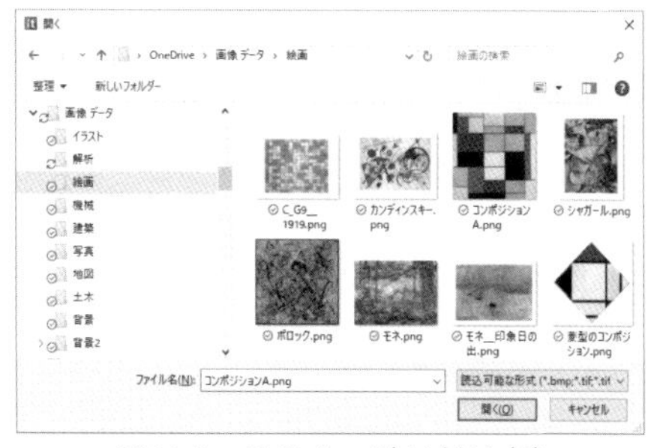

図11-5　ラスター貼り付け(2)

補足

OLEは高度な技術です。関係する双方のアプリケーションの連携が求められます。そのため、すべてのOLEアプリケーションが貼り付けられるとは限りません。

11.2　チームで作業をする

会社やある程度大きなプロジェクトになると、複数の図面を幾人かで作業をすることになります。事前に作業環境を統一しておくことができます。また他社製CADの図面をやりとりしていくことも必要になるかもしれません。

(1) 作業環境の共有

画面の背景色やツールバーの並びなどの情報は、すべてレジストリに保存されています。これをファイルに保存し、他のパソコンで再利用することができます。作成されたファイルをダブルクリックすると、保存した情報がコンピュータに書き込まれて、同じ設定が再現されます。

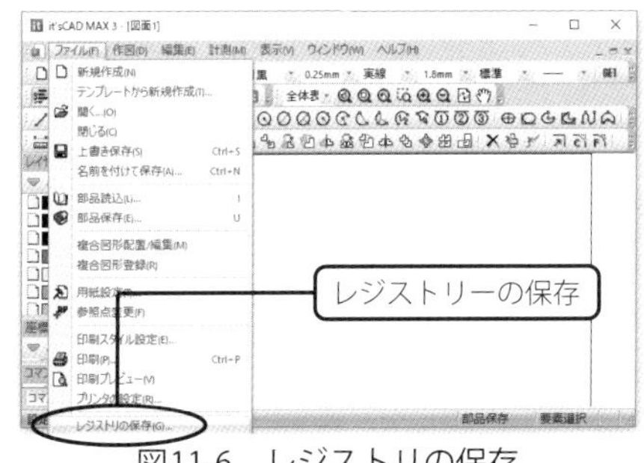

図11-6　レジストリの保存

(2) 図面環境の共有

スケール設定や図面枠などの要素情報は、テンプレートファイルにして、再利用できます。ファイルを保存する際に、ファイルの種類を「テンプレート」にして保存してください。テンプレートは、いつもの図面と同じように開くことができます。

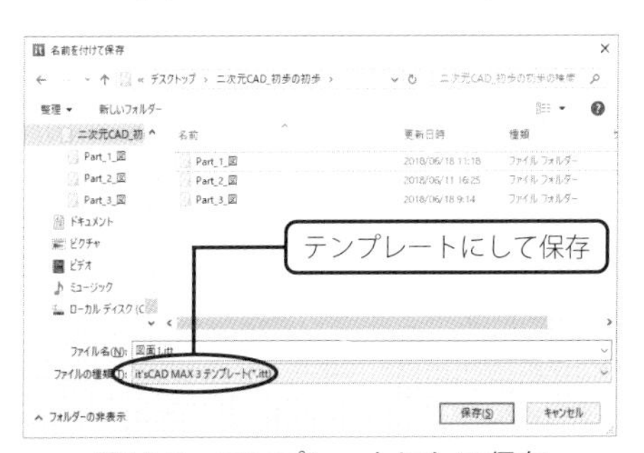

図11-7　テンプレートにして保存

SXFの利用手順

公共事業におけるCADデータ交換はおおむね以下に示すような手順により行われます。

① 設計業者（国や地方自治体などの公共発注者から発注）は、市販のCADを使って設計図面を作成し、SXF（p21）形式ファイルで公共発注者に納品する。

② 公共発注者は、SXFブラウザを使って納品されたSXF形式の設計図面を確認したのち、施工業者に発注図面として渡す。

③ 施工業者はSXF（p21）形式ファイルで渡された発注図面をもとに市販のCADを使って工事完成図面を作成し、SXF（p21）形式ファイルで公共発注者に納品する。

④ 納品された工事完成図面は、公共機関により施設の維持管理に利用される。

OCF検定認証ソフトウェア一覧(SXF検定)

現在SXF検定に合格し認証を取得しているソフトウェアの一覧です。

SXF対応ソフトウェア検定（CAD） (2023/04/30)

会社名	ソフトウェア名称
アイサンテクノロジー(株)	WingNeo INFINITY
(株)エスエイピー	PAVE-CAD Pro
(株)OSK	EXPERT-CAD
川田テクノシステム(株)	V-nasシリーズ
	V-nasClairシリーズ
(株)建設システム	A納図 [A-NOTE]
(株)ニコン・トリンブル	TOWISE CAD
(株)ビーガル	DynaCADシリーズ
(株)ピースネット	BEST-CAD
(株)ビッグバン	BVシリーズ
	AUTODESK CALS TOOLS 2023専用オプション SXF図面エディタ
	Bigvan al-Nil CAD 2022
(株)フォーラムエイト	UC-Draw
福井コンピュータ(株)	EX-TREND 武蔵 建設CAD
	EX-TREND 官公庁 TRENDff
	TREND-ONE
	Mercury-ONE
	Mercury-LAVIS

ビューア

会社名	ソフトウェア名称
オートデスク(株)	AUTODESK CALS TOOLS 2024
川田テクノシステム(株)	V-nas 3DViewer
(株)ビーガル	DynaCADビューア
(株)ビッグバン	Bigvan al-Nil 2022

12. ファイル管理

新しく図面を作成するには最初に新規図面を、保存されている作業途中の図面を編集するには既存図面を開きます。データを保存するには、通常は**it'sCAD**のファイル（.itd）で保存します。電子納品や、他のCADとファイルを交換する場合は、SXF（.sfc, .p21）にて保存します。作図した図面はいろいろな方法で印刷できます。

12.1　図面の開き方、保存の仕方

図面の開き方および保存の仕方は、CADにおいても一般的なアプリとほぼ同様です。

(1) 図面を開く

メニューバーより、「開く」を実行します。

例えばサンプル図面の「蒸気機関車」を開くには、ファイルを選び、「開く」をクリックします。図面は「C：¥Program Files (x86) ¥it'sCAD MAX3¥サンプル（使用しているパソコンによりフォルダは異なります)」にあります。

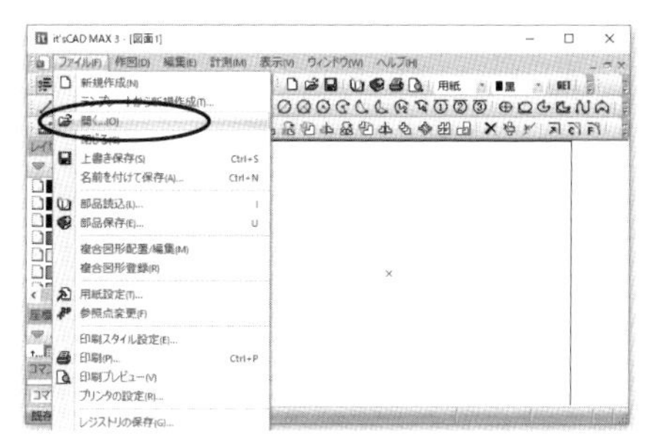

図12-1　図面の開き方

(2) テンプレートから開く

実際に図面を作成するとき様々な設定をします。そこであらかじめテンプレートにそれらの設定をしておき、新規に図面を開くときにそのテンプレートを指定して開きます。

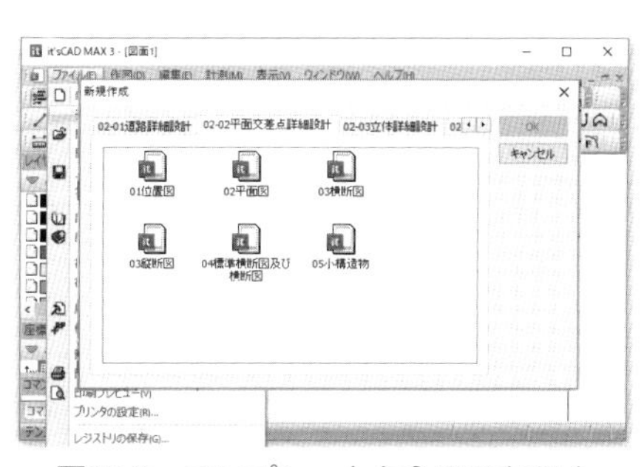

図12-2　テンプレートから図面を開く

(3) 図面を保存する

メニューバーより、「上書き保存」を実行します。既存の図面を開いた後の保存であれば、同じファイルに上書きされます。

また、新規で作図した場合には、ファイル名を付ける必要がありますので、その画面が表示されます。

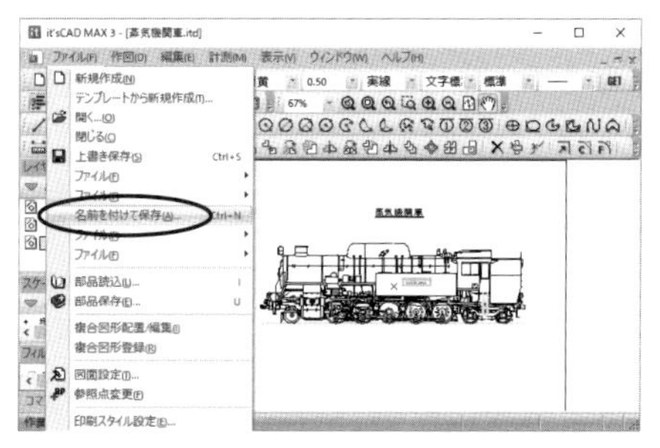

図12-3　名前を付けて保存

12.2 データの受け渡し

通常、異なるCADのあいだでは、お互いが読み書きできる共通の図面形式を利用して、データの受け渡しを行います。一般的には、図面データの交換はSFX対応のCADフォーマットが使われます。

it'sCADでは、表12-1に示す形式をサポートしています。互換性が高い順に説明します。

読み込む時は、通常の図面の開き方と操作は同様です。保存する時は、ファイルの種類を指定してから保存してください。上書き保存の場合は、読み込んだ時と同じ形式で保存されます。

表12-1　主なCADのファイル

ファイル名	形　式	概　要
SFC P21	SXF対応のCADの標準フォーマット	土木建設系では標準のフォーマットとなっており、ほとんどのCADが対応。
JWC・JWW	jw_cadの形式	特に建築系のCADや設備系のCADで普及している。
XDF	**it'sCAD**の古い形式	UNIX版(XCAD)から引き継いだもの。
DXF	オートデスク社の形式	オートキャドの異なるバージョン間での図面データ交換用。

注)jwwおよびXDFは読込のみ

補足

- **DXFは他のCADデータの相違から、文字や線の位置がずれたり欠落したりするため、図面の詳細なチェックや修正が必要となります。**
- **SXF対応を謳っているCADでも位置ずれや欠落が有りうるのでチェックが必要です。**

他のCADとのファイル変換は、.P21、.sfcで行うのが間違いがなく、一般的な方法です。

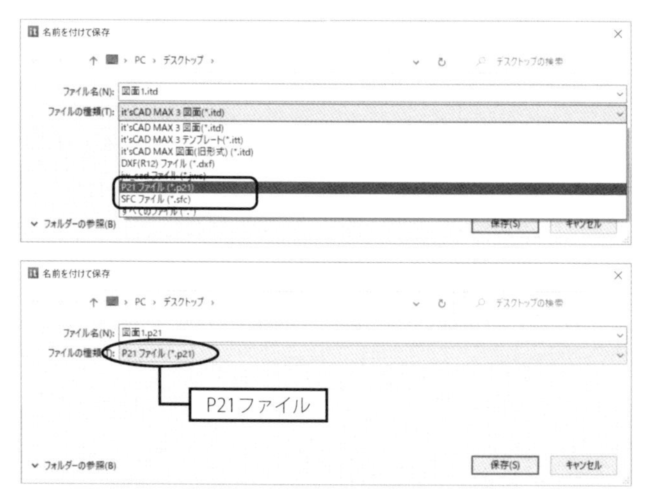

図12-4　SFX対応ファイル

13. 印刷

作図した図面は、基本的な方法だけでなくさらに高度な方法で印刷できます。

印刷（出力）は紙だけではなく、PDFやPNGとして出力することができます。レポート作成の添付図などとしてとても役に立ちます。

13.1　基本的な印刷

印刷コマンドを実行すると、「印刷」画面（図13-1）が表示されます。ここで、印刷するプリンタ・用紙サイズ・トレイ・用紙の向き・印刷部数を確認します。

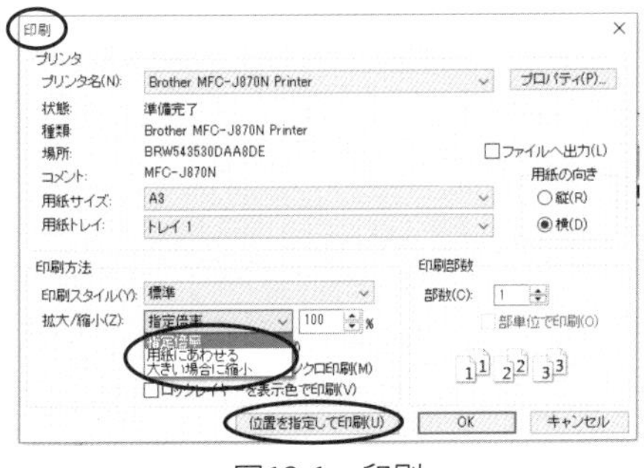

図13-1　印刷

「印刷スタイル」は初期値の“標準”を選ぶと、作図エリア全体が印刷範囲になります。「拡大/縮小」は“指定倍率”“用紙にあわせる”“大きい場合に縮小”のいずれかを選びます。また“位置を指定して印刷”をクリックすると、図面上に用紙のサイズを表示して印刷範囲を指定できます。印刷に失敗をしないために印刷する前に、印刷プレビューコマンドでイメージを確認することができます。

13.2　高度な印刷

あらかじめ印刷スタイルを設定しておくと、以下の印刷が可能になります。

・指定した範囲内を印刷

・指定した角度に回転して印刷

・さらに高度な条件印刷

印刷スタイルの追加は、「印刷スタイル設定」で行います。このコマンドを実行すると、「印刷スタイル設定」画面が表示されます。

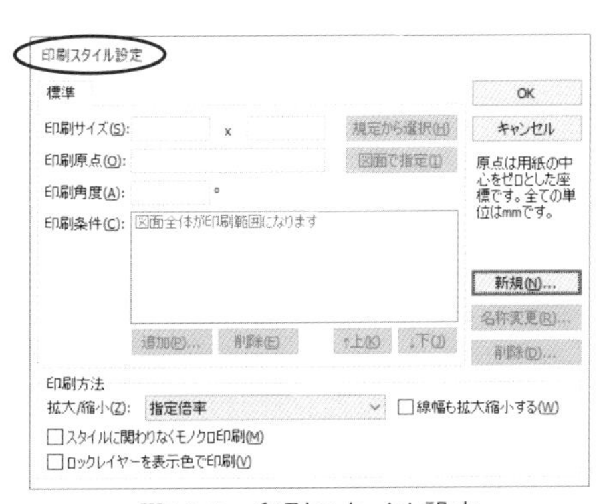

図13-2　印刷スタイル設定

新しくスタイルを追加するには、「新規」ボタンを押し、スタイル名を決めてから設定を行います。

13.3　PDF、PNGに出力

(1) PDFに印刷（出力）

PDFに印刷するには出力先のプリンタをPDF仮想プリンタ（Windows10の場合は「Microsoft Print to PDF」というプリンタが標準であります）にします。出力（印刷）の方法は通常の印刷と同様です（Part 3「6.1 印刷」参照）。

(2) PNGに出力

CADの全部または一部をレポートなどに使いたい場合がよくあります。その時に便利なのが［Shift］＋［Windows］＋［S］です。

① 該当図面が表示されている状態で、［Shift］＋［Windows］＋［S］と入力します。

② 必要な部分をドラッグして選択します。

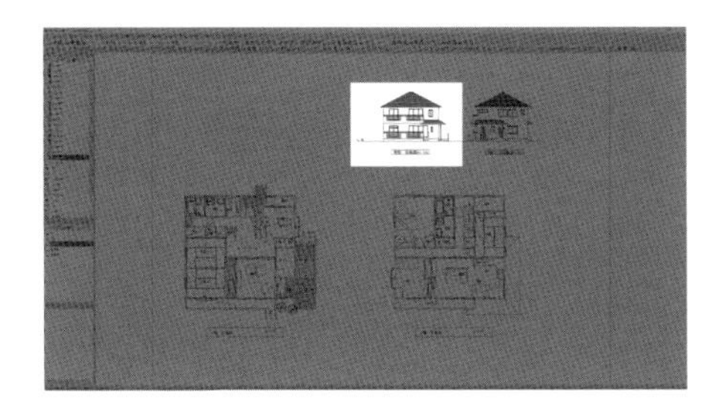

③ クリップボードに保存されているので所定の場所（ワードやエクセル等）に貼り付けます。

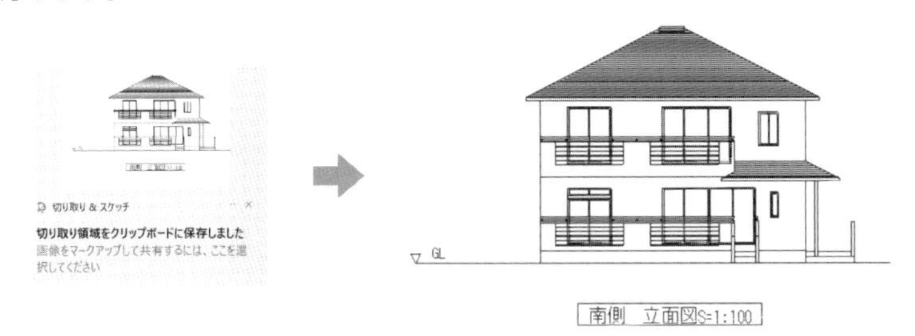

14. 設定の仕方

設定は大きく分けると2種類あります。「図面設定」が図面（用紙）に保存されるのに対し、「オプション」「カスタマイズ」は情報が、CAD本体に記録されます。「図面設定」では、図面（用紙）の大きさや、作図に関する設定などをします。オプション設定では表示（画面まわり）やファイル・フォルダ、スナップおよび拡大率などの操作に関する設定を行います。

14.1 図面設定

図面設定で決めたことは、すべて図面に保存されます。設定項目は種類ごとにタブでまとめられています。設定項目は多岐にわたり、特別な用語も多いですが、一度設定してしまえば大きく変更するものではないので、じっくり取り組んでください。

(1) 図面サイズ

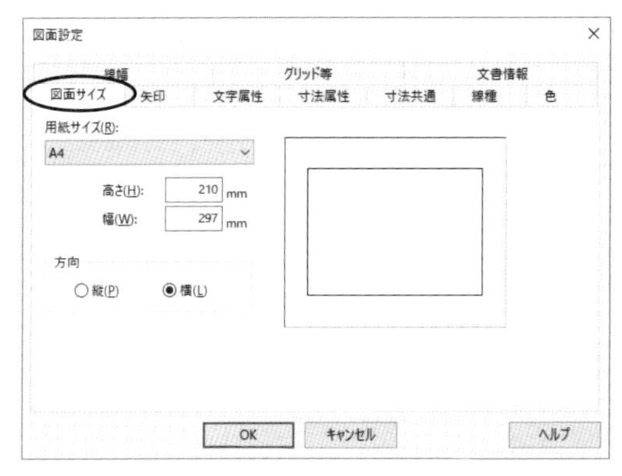

作図する図面(用紙)の大きさを決める。
特殊なサイズは、直接高さと幅を入力する。実際に印刷する用紙とは異なっても構わない。

(2) 矢印

作図に使う矢印の形状を決める。
作図するときの始点側・終点側に矢印を付けるかどうかの設定もここで行う。

(3) 文字属性

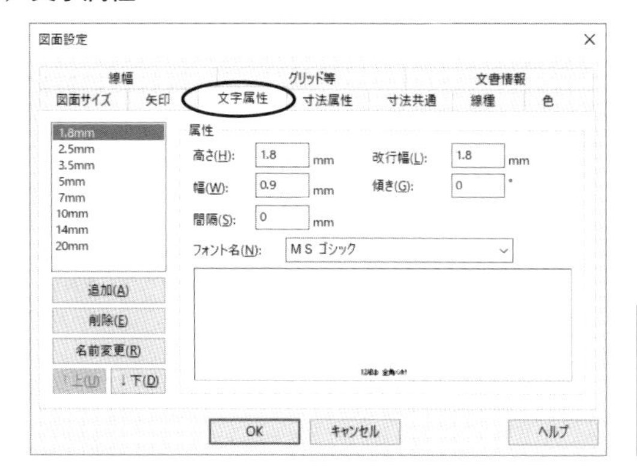

文字を書くときの属性を決める。文字の高さや幅などは、スケールに依存せず、実寸になる。文字幅は、半角文字の幅となる。

(4) 寸法属性

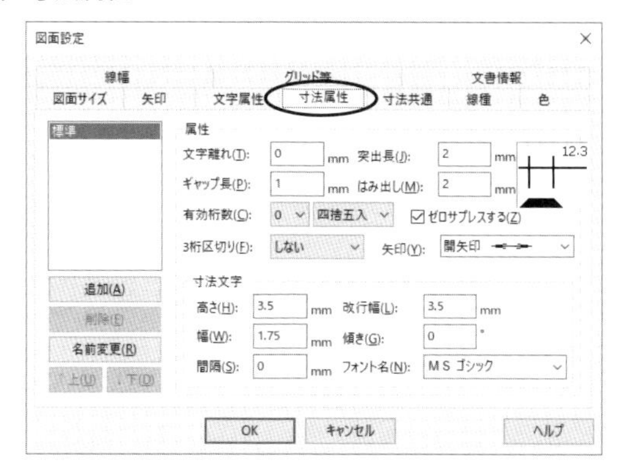

寸法の属性を決める。
有効桁数や、矢印の形状の指定をするなどを決める。(Part 2「3.3 寸法文字」参照)

(5) 寸法共通

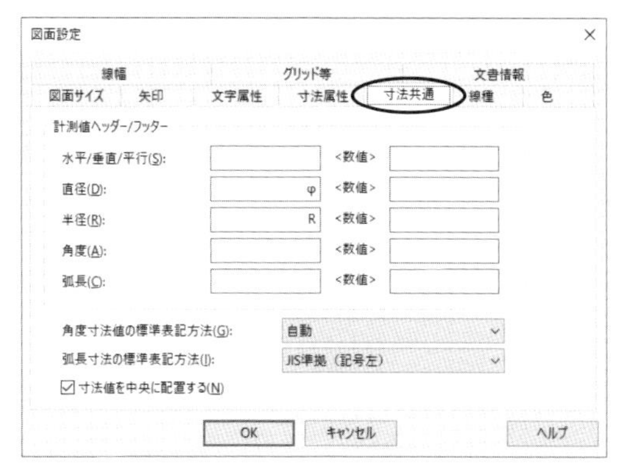

寸法補助記号を決める。
ヘッダー/フッターは、寸測値の前後に表示される文字。

(6) 線種

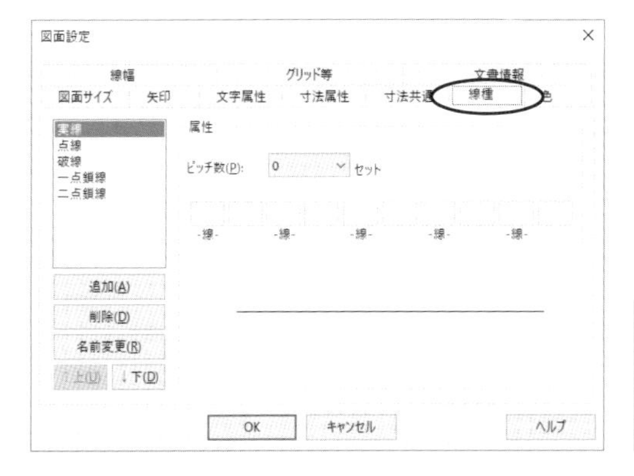

線種のピッチを決める。
点線、破線、一点鎖線、二点鎖線などの他、独自の線を追加することもできる。

(7) 色

作図・印刷に用いる色の名称と属性を決める。

(8) 線幅

線の幅を決める。
表示上の太さと、印刷するときの太さを別途指定する。

(9) グリッド等

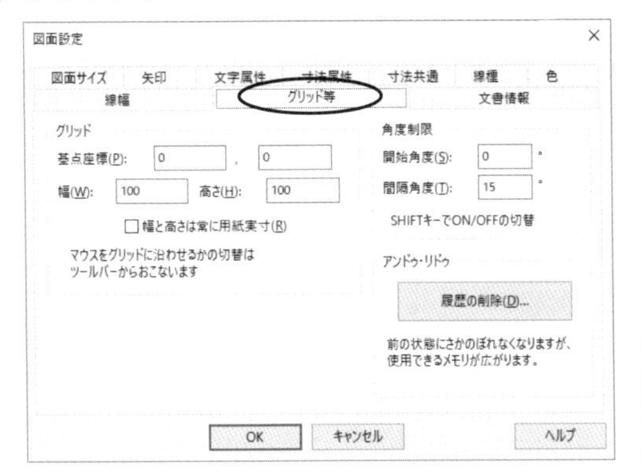

グリッド間隔、角度制限角を決める。アンドゥクリアをすると、使用しているメモリ領域が広がる。

(10) 文書情報

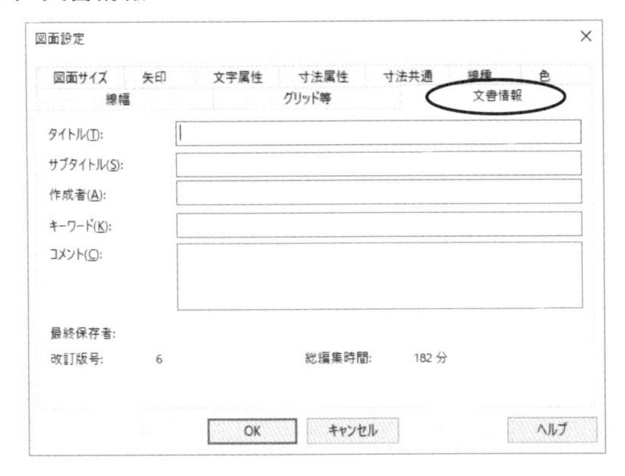

図面のタイトルや作成者を編集する。
ここで設定した情報は、保存した図面ファイルのプロパティからも確認/編集できる。

14.2　オプション設定

オプション設定はCADの基本部分を設定し、設定した情報はコンピュータごとに保存されます。

（1）表示

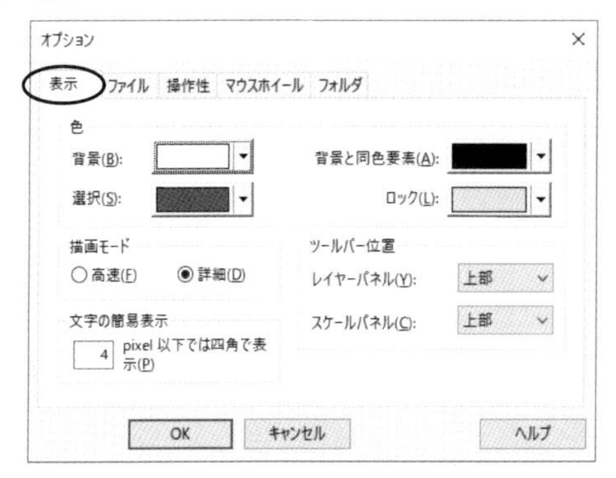

背景色などを好みの色にする。
描画モードを高速にすると、線種がすべて実線で表示されるようになる。

（2）ファイル

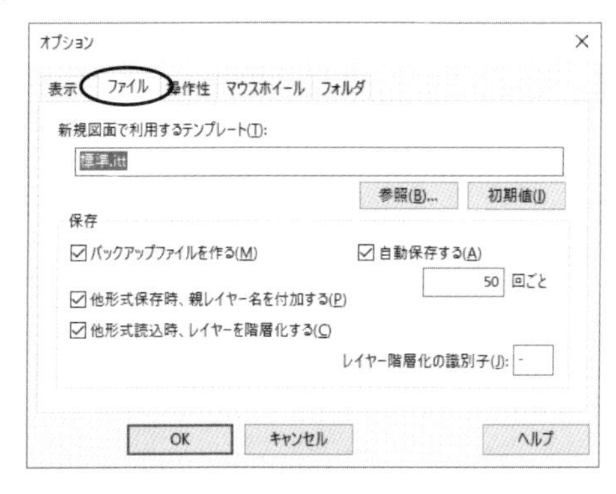

新規図面で用いる初期テンプレートや保存に関する設定をする。
自動保存ファイルは、キャドインストールフォルダに保存される。

（3）操作性

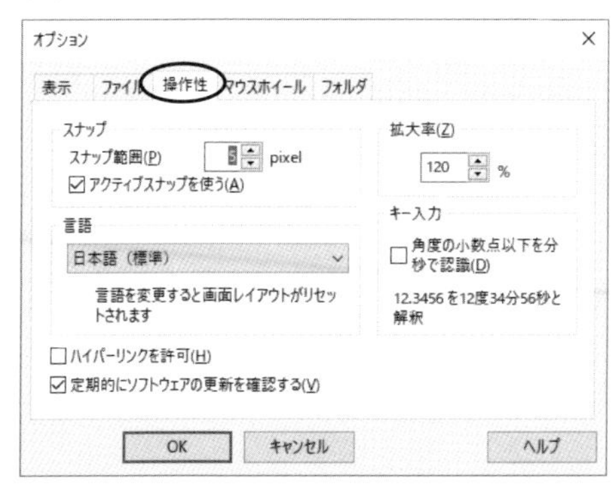

補足

- **拡大率は1回の拡大および縮小の比率(%)**
- **日本語以外の言語はここで指定します。**

スナップ範囲や拡大率を設定する。
スナップ範囲を大きくすると、マウス作業が楽になる反面、細かい部分の指定が難しくなる。アクティブスナップをオンにすると、マウスをクリックする前からスナップするのでとても便利になる。

(4) マウスホイール

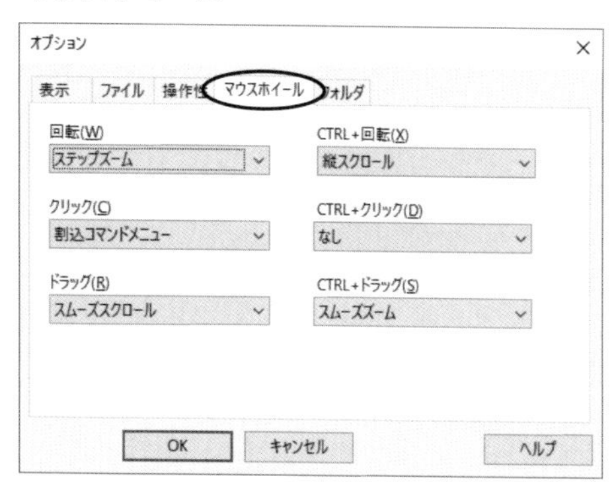

ホイール付きマウスを使用時のマウスホイールの動作を決める。

(5) フォルダ

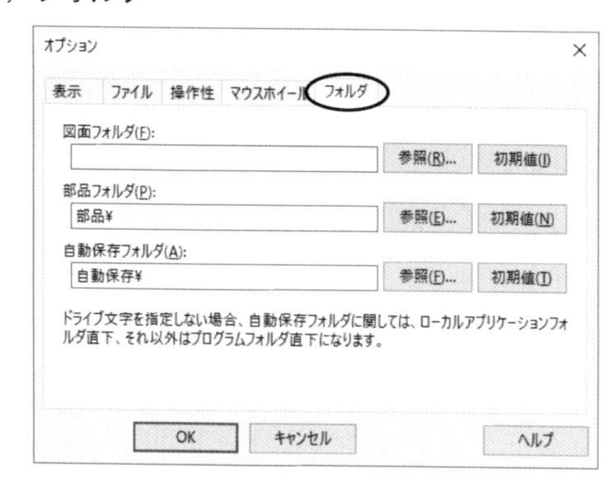

図面、部品を読込保存するときの初期フォルダを決める。

it'sCADライセンスの使用条件

ライセンスは、二通りの使用条件のうちの1つを選択して使用できます。

◎1ライセンスにつき、1人の使用者が、複数のコンピュータにインストールして使用。

◎1ライセンスにつき、1台のコンピュータにインストールし、複数の使用者が使用。

注1）複数ライセンスをお持ちの場合、1ライセンスごとに自由に選択して使用者またはコンピュータのどちらかに割り振ることができます。

注2）一度選択した使用条件の変更はできません。

it'sCAD価格表

商　品	価格（円）
1ライセンス	8,800
1ライセンス（CD-R付）	11,000
5ライセンス	33,000
20ライセンス	123,200
50ライセンス	286,000
100ライセンス	528,000
200ライセンス	968,000
アカデミックライセンス	0
【官公庁向け】20ライセンス	88,000
【官公庁向け】無制限ライセンス	220,000

ライセンスの販売はインデックス出版が行います。

https://www.index-press.co.jp/

CAD製図の初歩

図面上に書かれている情報を間違えることなく正確に理解できることが必要です。図面の表す内容に曖昧さは許されず、1つの表現は、1つの解釈を与えるものでなければなりません。このように図面を書く人から図面を読む人に対して、情報が完全な形で伝達されることは製図する上でとても大切なことです。

図面は一枚から数十枚、数百枚ときには数千枚に及ぶ膨大な図面になることもありますが、そこに書かれた情報からその対象物を制作することは共通する大原則です。複雑な形をした対象物でも正確な情報伝達が保証されなければなりません。わずかでも受け取り違いがあってはいけないので、図面を作成するためのルールおよび慣習を遵守して製図作業をすることが求められます。

---

1. 図面の様式と構成

図面は所定の様式に従って表す必要があります。図面の大きさや図面の輪郭および表題欄の設け方はJIS規格によって定められています。これらの規定により図面管理を合理的に行うことができます。図面は大きすぎず小さすぎず、また、余白が大きすぎないよう適切な大きさ（サイズ）を選ぶ必要があります。

1.1 図面の大きさ

図面の大きさは表1-1によるA列サイズを用います。ただし、延長する場合は延長サイズを用います。機械図面の場合、加工作業者は作業しているそばに製作図を置き、確認しながら進めることがよくあります。そのため、携帯しやすく工作機械に掲示できる大きさとなり、A4またはA3サイズが多く使用されます。建築ではA3またはA2サイズ、土木ではA1サイズが多く使用されています。

図面は長辺を左右方向に置いて用いるのが正位とされます。

図面の正位において横長になる用紙の形式をX形、縦長になる形式をY形といいます。

補足

図面の正位置や輪郭の設け方、表題欄の記入内容についても規定されています。

表1-1　図面の大きさ

用紙の呼び方			A0	A1	A2	A3	A4
寸法　a×b			841×1189	594×841	420×594	297×420	210×297
図面の輪郭	c（最小）		20	20	10	10	10
	d（最小）	綴らない場合	20	20	10	10	10
		綴る場合	25	25	25	25	25

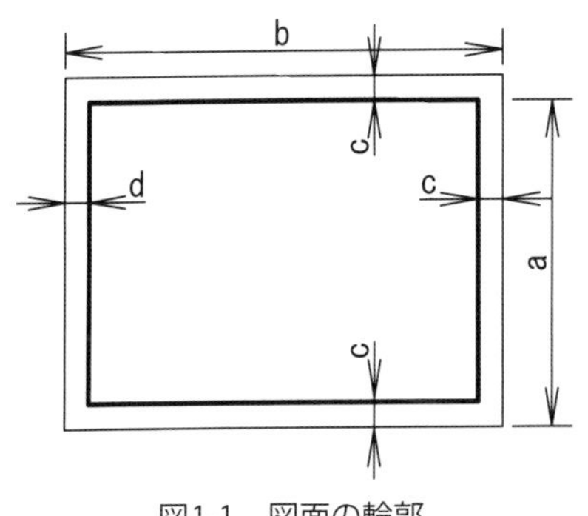

図1-1　図面の輪郭

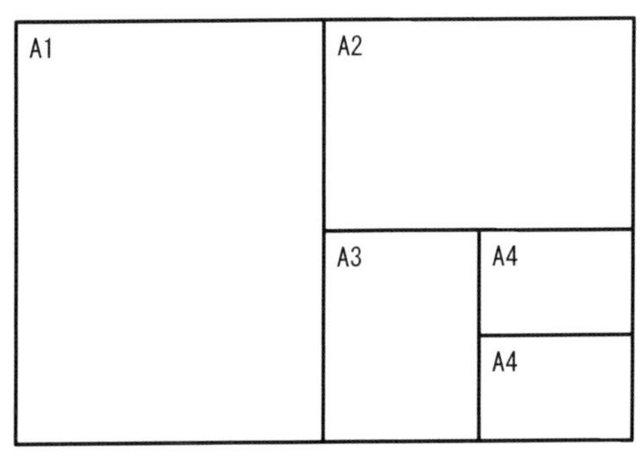

図1-2　図面の大きさ

1.2　輪郭・表題欄・輪郭付属要素

図面にはその管理の必要上、図形以外に輪郭、表題欄、中心マーク区分記号などを必要に応じて整えます。

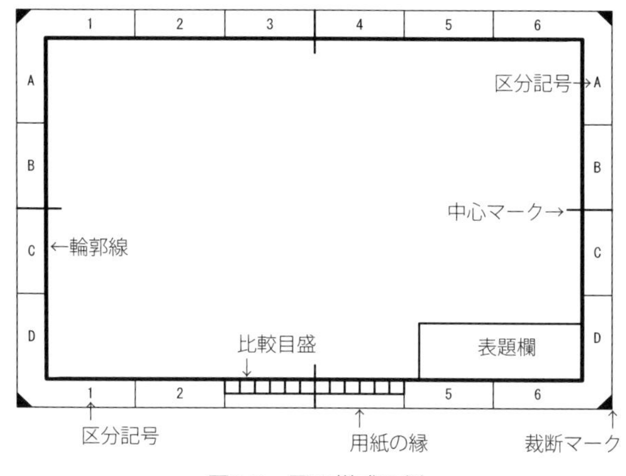

図1-3　図面様式の例

（1）輪郭

輪郭は用紙の縁から設ける一定の領域を指します。ただし、必ず設ける必要はありませんが、設けるのが一般的です。

図面の周辺には、図面に盛り込む内容を記載する領域を明確にし、また体裁を整えるために表1-1の寸法にしたがって、太さ0.5mm以上の線により輪郭を設けます。

輪郭線内の情報は伝達すべき重要な情報が表示されています。輪郭線は伝達する情報とそれ以外の情報を分ける境界線となります。したがって、設計者本人だけのメモなどは輪郭線の外に書くようにします。

補足

比較目盛は拡大・縮小時の比率を読むための目盛です。

（2）表題欄

図面には、その右下隅に表題欄を設け、原則として、図面番号、図名、企業名（学校名）、責任者の署名、図面作成年月日、スケール（尺度）および投影法を記入します。

（3）中心マーク

図面には、中心マークを設けます。

中心マークは、図面の複写などの便宜のために用紙の辺の中央に設け、用紙の縁まで0.5mm以上の線で書きます。

(4) 区分記号

図面の特定の場所を示すために設けられたマークで、変更箇所を明記するときや電話などで打合せを行う際に図面の区域を指示する場合に有効です。

1.3　図面（用紙）の選択

CADでは実寸で図面を書きますが、表示装置（ディスプレイ）や出力装置（プリンター、プロッター）には限界があります。使用する図面の大きさ（サイズ）は、対象物の大きさや、書きたい図面の精度やスケールに関係するため、適切な図面の大きさを選ぶことが必要です。

図面サイズは必要とする明瞭さおよび細かさを保つことができる最小のサイズを用います。

補足

- CADでは、初めに図面の大きさを設定しますが、途中で変更することもできます。また、スケールについても同様に途中から変更することも可能です。
- 1つの図面に2種類以上のスケールの図面を書くこともできます。
  また、縦・横(X. Y)のスケールを別々(歪スケール)に設定することもできます。

1.4　図面枠の例

(1) CAD製図基準（案）の図面枠（国土交通省）

CAD製図基準（案）により、図面枠および表題欄の様式が決められています。

• 表題欄の位置

表題欄は、輪郭線の図面の右下隅輪郭線に接して記載することを原則とします（ただし、平面図、縦断面図等で表題欄と図形情報が重なる場合には右上隅に記載してもよい）。

• 表題欄の様式

表題欄の寸法および様式は図1-4を標準とします。1枚の図面に尺度の異なる構造物が複数存在する場合は、代表的な尺度を表題欄に記入します。

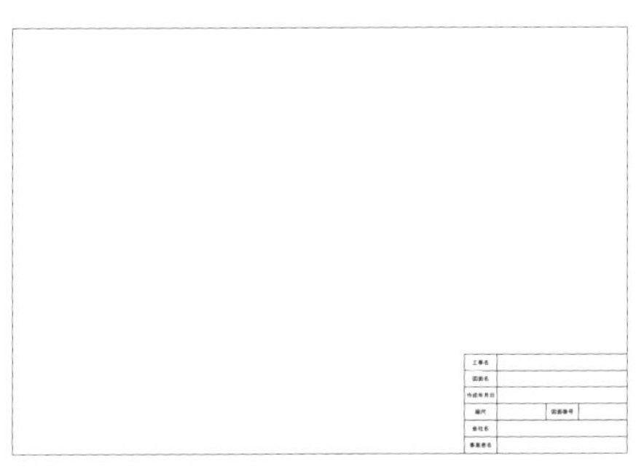

図1-4　CAD製図基準の図面枠

「作図」—「図面枠」を選択するとダイアログが表示され、「OK」をクリックすると図1-4のような図面枠が表示されます。

表題欄に記載する情報はダイアログより指定します。

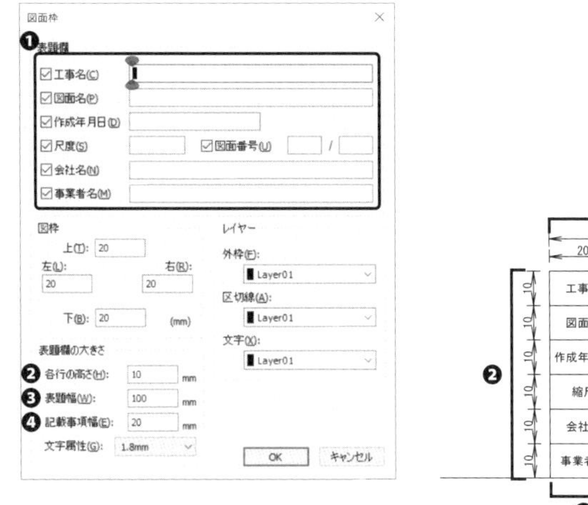

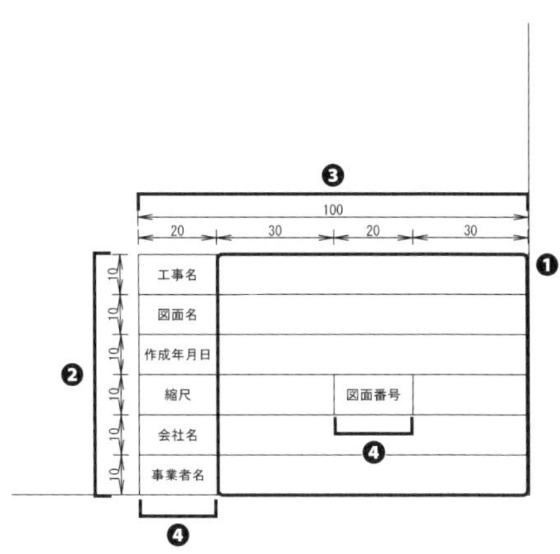

図1-5　CAD製図基準の表題欄

(2) 機械系の図面枠

表題欄に記載する情報や形式はある程度決まっていますが、機械や製品の種類により表記したい内容が異なるため、各社で独自の内容を記載することもあります。

一般的に表題欄には下記の項目を記載します。

品名（部品名称）、品番（図面番号）、個数（製作個数）、投影法（第三角法等の記載）、尺度（対象物の尺度）、材質（材質）、作成年月日（図面の作成日付）、承認欄（設計者、検図者、承認者の署名捺印）。

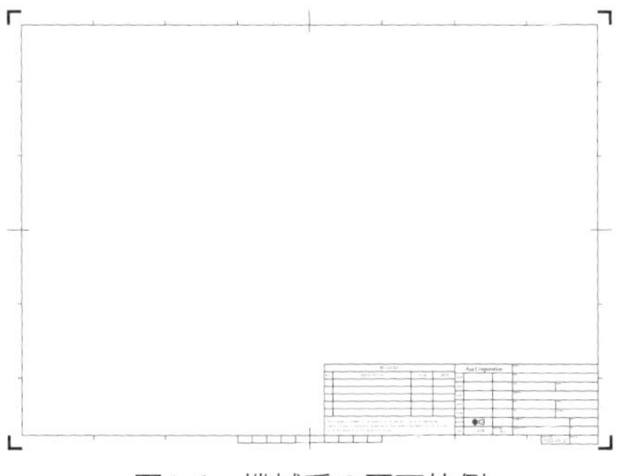

図1-6　機械系の図面枠例

(3) 建築系の図面枠

図面の重要な情報を入れる部分でありますが、渡す場合の見栄えのよい、できれば表題欄まで入った図面枠を作っておくとよいでしょう。

表題欄はかなり細かく項目が作られているものもありますが、最低限、工事名や社名、設計担当者、図面作成日、縮尺が入っていればよいでしょう。

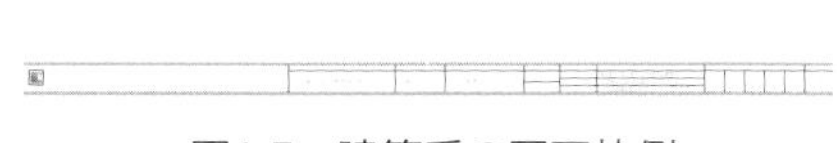

図1-7　建築系の図面枠例

2. スケール（尺度）

対象物の大きさと、用紙やディスプレイなどの表示装置（100%表示時）に書く図の大きさの比率を、スケール（尺度）といいます。スケールはただ単に図面と現物の大きさの比率を表すだけでなく、図面を読む相手に対して、分かりやすくかつ正確に設計者の意図を伝えるための重要な概念です。

2.1 スケール（scale）

CADでは作図にあたっては、実際の寸法（原寸）で入力します。作図対象が大きくても小さくても、そのままの大きさで作図するという基本は変わることはありません。

しかし、用紙や表示装置には限界があります。対象物が大きくなると、原寸で表示および印刷することはできません。このような場合、図形の大きさを実際の大きさに対して、然るべき比率で縮めて書く縮尺が使われます、これとは反対に実際の対象物が小さい場合や複雑な形状をしている場合には、逆に大きくする倍尺が使われます。

(1) スケールの表し方

スケールは、"A：B"のように比で表します。現尺（full scale）の場合にはA、Bを共に"1"、縮尺（reduction scale）の場合にはAを"1"、倍尺（enlargement scale）の場合にはBを"1"として示します。

［例］　縮尺　"1：2""1：10"　現尺　"1：1"　倍尺　"2：1""10：1"

(2) スケールの記入

対象物の制作は、図面に挿入された寸法によって行われるのでスケールの記入は重要でないようにも思われますが、図面より実物を想像する場合や検図にはスケールを知ることは重要です。

スケールは、図面の表題欄に記入します。同一図面に異なるスケールを用いるときは、必要に応じてその図の付近にも記入します。図形が寸法に比例しない場合には、その旨を適当な個所に明記します。なお、これらのスケールの表示は、見誤るおそれがない場合には、記入する必要はありません。

補足

スケールに依存しない図はノンスケール（NS）といいます。

(3) スケールの決め方

製図する場合は、まずスケールを決めますが、スケールはただ単に作図する対象物の大きさだけではなく、図面の目的や図面に示さなければならない内容によって決めます。

スケールは書かれる対象物の複雑さ、および表現する目的に合うように選びます。すべての場合において、書かれた情報を容易に誤りなく理解できる大きさのスケールを選ばなくてはなりません。また、寸法や記号がはっきり記入できる大きさである必要があります。

例えば建築図面においては、平面図のスケールは小住宅か大規模建築かなど規模の違いにより、1：50～1：300となります。また、平面詳細図、住戸部や共用部、コア部分など平面図だけでは十分な表現が難しい部分の納まりなどを示す場合などのスケールは1：20～1：100になります。さらに矩計詳細図、断面詳細図などの詳細を表す場合は1：20となります。

2.2 スケールの混在

図2-1に示す建築図面は住宅平面図を1：50で入力しています。さらに参考に完成時のイメージとして、立面図を同一図面内に1：100で入力しています。

なお、CAD図面においては、スケールを混在して入力表示することは容易にできますが、スケールを該当図面の近傍に表示しておくことが必要です。

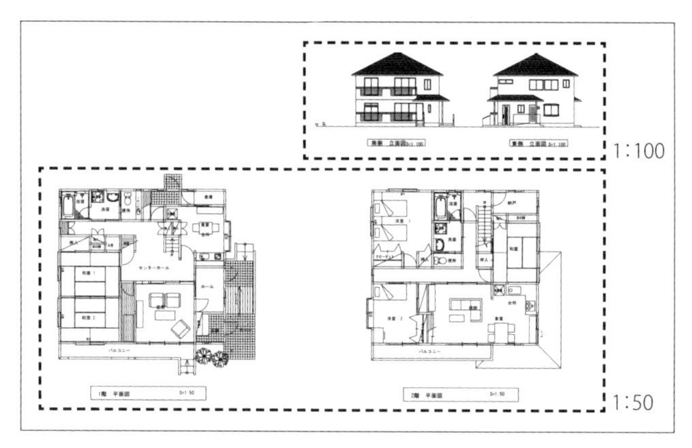

図2-1 スケールの混在

添景として樹木や自動車、人などを書くことがよくあります。これらはノンスケールですが実際の雰囲気を表現するだけでなく、建築物など構造物の大きさなどを把握するために有益です。

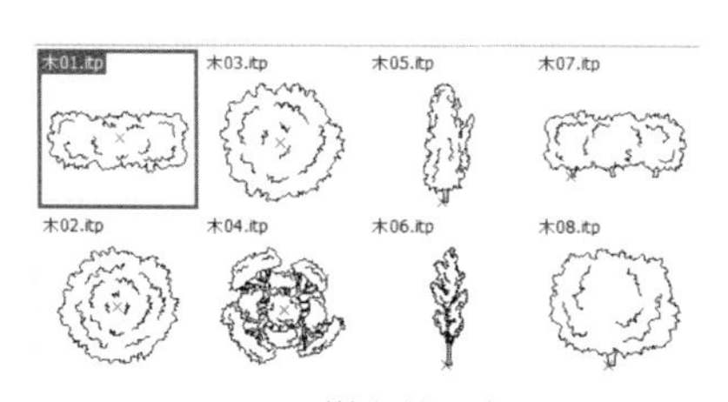

図2-2 樹木(部品)例

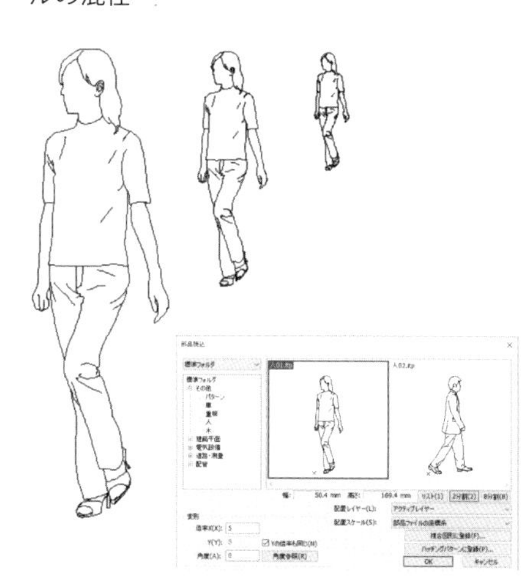

図2-3 人(部品)の倍率を変えた場合

3. 単位および文字

図面は図形のほか寸法を入れて初めて図面になります。そして、寸法のほか記号、説明、品名、番号などのために文字が書かれ図面は完成します。分かりやすく読み間違いがないように、特に寸法記入漏れや不明瞭な記入にならないようにします。文字は漢字とカタカナが基本です。

3.1 単位

長さの寸法数値の単位は、原則として「mm」（ミリメートル）で記入します。通常単位記号「mm」は記入しません。大きな寸法を表すときは3桁ごとに間隔を開けて表記し、カンマは使用しません（現状、カンマを使用している場合も多々あります）。

［例］　123 456

度の単位としては、度、分、秒を使用します。

［例］　12°34′56″

3.2 文字

図面には、図形を説明するための文字が書かれます。文字はJISやISOで大きさや太さが規定されています。

文字属性の設定は「ファイル」―「図面設定」で行います。スケールに対応して文字の大きさが変わると非常に不都合なため、一般的にCADにおいては文字の高さや幅などは、スケールに依存せず実寸になります。また、「追加」ボタンで設定すると文字の種類を増やすことができます。

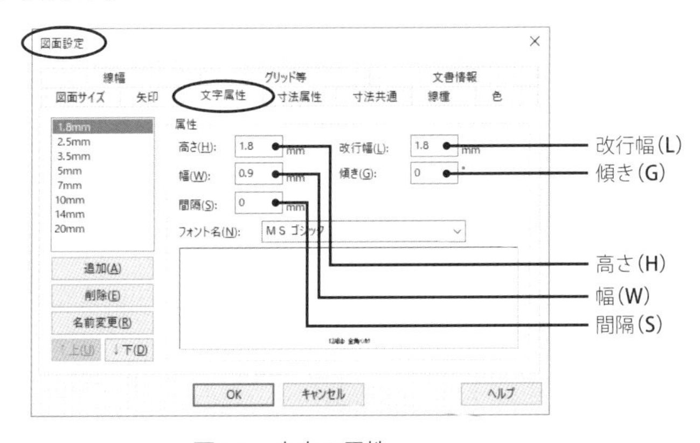

図3-1　文字の属性

図面の国際化の見地からは、漢字やかな文字は望ましくはないといえるのですが、日本国内で使用する図面においては、漢字やかな文字を使用するほうが便利です。

なお、**it'sCAD**は多言語対応となっているので、他の言語に置き換えることが簡単にできます。また、異なる言語の混在も問題なく表示されます（本書では詳細は扱っていません）。

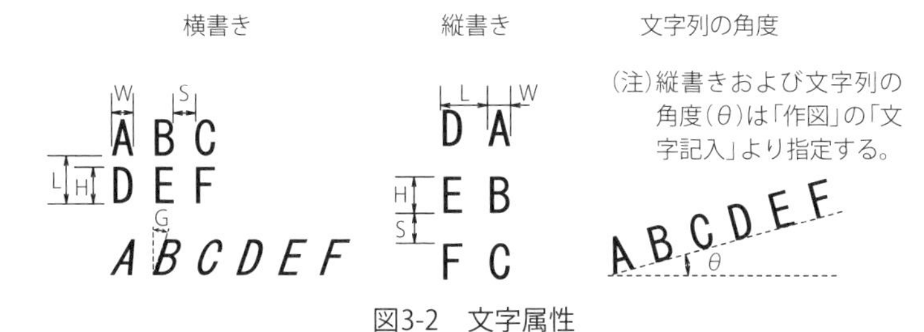

図3-2　文字属性

補足

- 文字の幅は半角文字の幅です。全角文字の場合は2倍の幅となります。
- 複雑な漢字（16画以上）はかな文字にすることが望ましいとされます。

3.3　寸法文字

寸法線に寸法を示す数値を記入するには、その位置や大きさなど一般的な方法があります。これらの寸法属性の設定は「ファイル」—「図面設定」の「寸法属性」で行います。

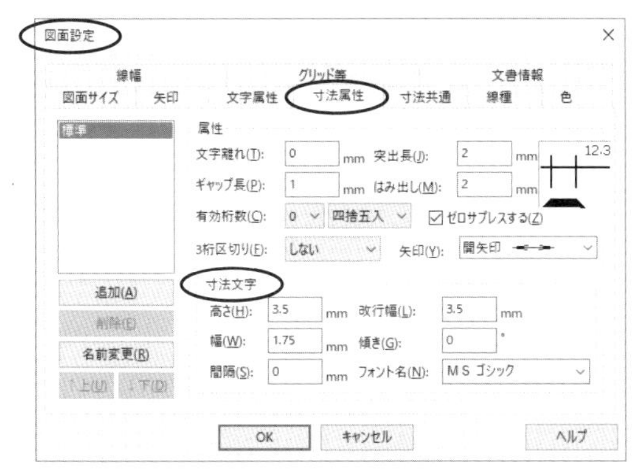

図3-3　寸法の属性

[有効桁数]　：小数点以下の有効桁数を指定します。また、丸め方は、“四捨五入”“切り捨て”“切上げ”が選択できます。

[ゼロサプレス]：小数点以下の数値が0（ゼロ）であれば省略されます。

[3桁区切り]　：入力値が4桁以上の数字になったときに3桁ずつスペースを入れます。

[矢印]　：タブの「矢印」で設定されている矢印の中から、寸法の矢印形状を指定します。

[寸法文字]　：寸法値の文字を、「文字属性」とは別に高さ、幅、間隔、書体などを設定します。

補足

- 「寸法共通」のタブの中で、寸法値を「中央に配置する」にチェックを入れると、寸法作図時に寸法値が自動的に中央に作図されます。
- カンマは小数点と見誤ることがあるため、CADでも手書き図面でも使用しません。

4. 製図に用いる線の種類と太さ

製図に用いる線の種類は、その形（断続形式）によって、実線、破線、一点鎖線、二点鎖線、の4種類があります。線の太さは、細線、太線の2種類、さらに必要に応じて極太線を加えると3種類となります。そして、線の種類と太さの組み合わせにより、外形線、寸法線、中心線、隠れ線など様々の用途に定められています。

4.1 線の太さ

線の種類や太さは、ISOやJISにより規格が定められています。

線の太さは表4-1に示す3種類です。

表4-1 太さによる線の種類

線の種類	太さの比率
細　線	1
太　線	2
極太線	4

線の太さの基準は、0.18、0.25、0.35、0.5、0.7、1、（1.4）、（2）とします。

製図で用いる線は、上記基準の太さを1つ置きに取れば2倍の数列になります。そこで、太さの比率による線の種類は表4-2のようになります。

表4-2 太さの組み合わせ

細線	太線	極太線
0.18	0.35	0.7
0.25	0.5	1.0
0.35	0.7	（1.4）
0.50	1.0	（2.0）

補足

CADでは指定した線の太さは印刷された状態での（ディスプレイにおいては、表示倍率が100%で表示された場合の）太さとなります。スケールには依存しません。

4.2　線の種類

線の種類を表4-3に示します。

表4-3　線の種類による呼び方

線の形　（断続形式）		線の太さ（比率）		
		細線（1）	太線（2）	極太線（3）
実線	――――――	細い実線	太い実線	極太の実線
破線	– – – – – – – –	細い破線	太い破線	―
一点鎖線	―-―-―-―	細い一点鎖線	太い一点鎖線	―
二点鎖線	―--―--―	細い二点鎖線	―	―

4.3　線の優先順位

図面に線を書くとき、2種類以上が同じ場所に重なることがありますが、この場合は表4-4に示す順位に従い、優先する種類の線で書きます。

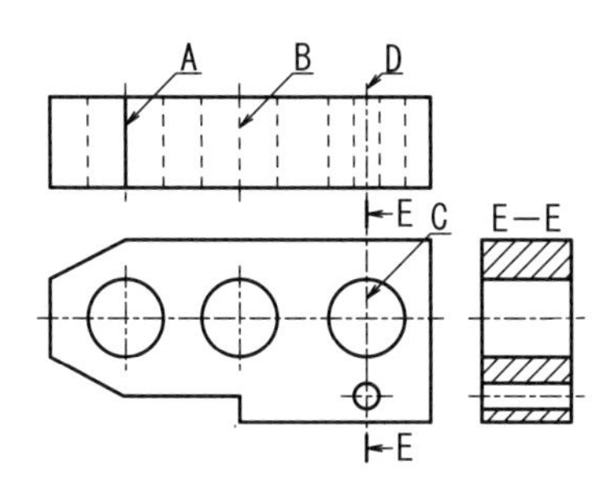

図4-1　線の優先順位

表4-4　線の優先順位

線の種類	使用例	優先順位
外形線	A：外形線・中心線	高い
隠れ線	B：中心線・隠れ線	⋮
切断線	C：切断線・中心線	⋮
中心線	D：２本の中心線	⋮
重心線		
寸法補助線		低い

5. 投影法の種類と選び方

何らかの物を製作するために用いる図面には、「対象物の各部の実形」「対象物の縦×横×高さ、3方向の大きさ」を示す必要があります。各部の大きさと形状を平面上に表現することは容易ではありません。そこで、投影法はこれらの条件を最もよく満たすので、多く用いられています。

5.1　投影法

一般的には立体である対象物を平面上に正確に表現するために用いられるのが投影法です。投影面の前に対象物を置き、これに光線を当てその投影面に映じる影を映し取るのがその原理です。そのときの光の状態、投影面と光線の角度、投影面と対象物の位置や角度などによって表示にいくつかの方法があります。

表5-1　投影方式

<table>
<tr><th>投影の種類</th><th>光線の種類</th><th>主投影と投影面の位置関係</th><th>主投影と対象物の位置関係</th><th>図形の次元</th></tr>
<tr><td>正投影</td><td rowspan="4">平行光線</td><td rowspan="2">直角</td><td>平行または直角</td><td>2次元</td></tr>
<tr><td rowspan="3">軸測投影</td><td>斜</td><td>3次元</td></tr>
<tr><td rowspan="2">斜</td><td>平行または直角</td><td>3次元</td></tr>
<tr><td>斜</td><td>3次元</td></tr>
<tr><td>透視投影</td><td>放射光線</td><td>斜</td><td>斜</td><td>3次元</td></tr>
</table>

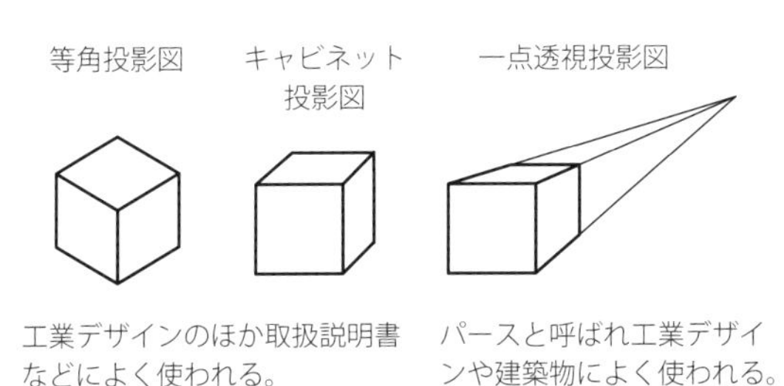

図5-1　3次元を表すのに使用される投影法

投影面に対して対象物を直角に置き平行線を用いて、投影面に直角に当てて投影を行う方法を正投影といいます。

通常、製図には正投影図を用います。この図示法は、複雑な形状の図示や寸法の記入が完全に行えるので、一般用の図として広く用いられます。

一般に正投影法を単に投影法といい、正投影図を投影図と呼んでいます。

投影法は対象物を第一象限に置く第一角法、第三象限に置く第三角法がありますが、一般的には第三角法が普及しています。

5.2　第三角投影法

(1) 第三角法の図の配置

投影法は、第三角法によって書き、図5-2に示す投影法の記号を表題欄またはその近くに示します。投影図は、図5-3に示す6図（A～F）すべてを必ずしも必要としません。なぜなら、平面図と下面図、右側面図と左側面図、正面図と背面図などは、同じ面を互いに反対方向から見たもので、線の一部が外形線か隠れ線の相違だけです。通常は、(A)正面図、(D)側面図、(B)平面図の三面図を用い必要に応じて、補足の図を用います。

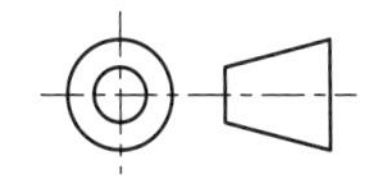

図5-2　第三角法記号

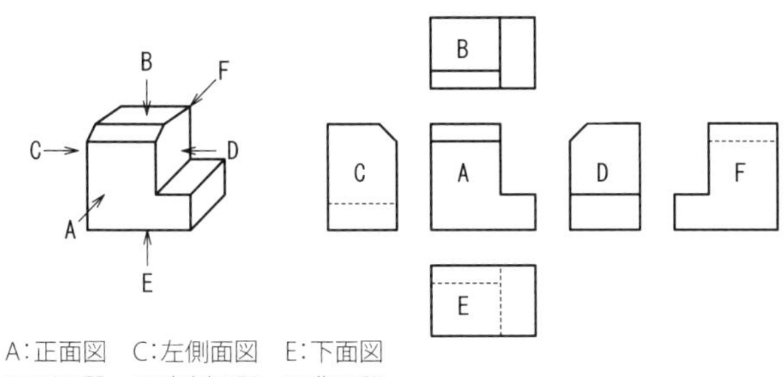

図5-3　第三角法

(2) 矢示法（第三角法で配置できない場合）

紙面の都合などで、投影図を第三角法による正しい配置に書けない場合、または図の一部が第三角法による位置に書くと、かえって図形が理解しにくくなる場合には、相互の関係を矢印と文字を用いて示し、その文字は投影の向きに関係なくすべて上向きに明瞭に書きます。

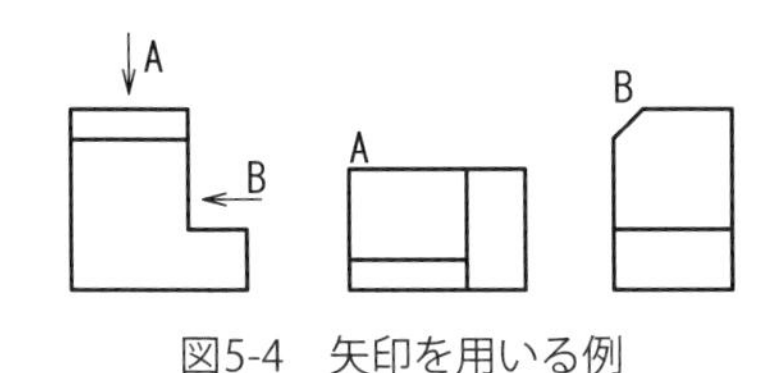

図5-4　矢印を用いる例

5.3　投影図の選び方

製図を行う場合、まず、正面図を選び、次にこれを補足するために必要な図面を選んで追加していきます。また、補足図は図の明瞭性を損なうことがないように様々な示し方があります。

(1) 主投影図

主投影図には、対象物の形状・機能を最も明瞭に表す面を書きます。例えば機械系の図面においては、対象物を図示する状態は図面の目的に応じて、次のいずれかによります。

・組立図など、主として機能を表す図面では、対象物を使用する状態。

・部品図など、加工のための図面では、加工に当たって図面を最も多く利用する工程で、対象物を置く状態。

・特別な理由がない場合には、対象物を横長に置いた状態。

主投影図とは、図面の目的に応じて対象物の形状や機能を最も明瞭に表すことのできる投影図です。必ずしも正面から見た図ではなく、対象物を表すのに最も都合の良い投影図をいいます。例えば、自動車、船舶などでは横から見た図が重要となり、航空機では上から見た図が重要な図となるのでこれを主投影図といいます。

図5-5　正面図の選び方

(2) 補足図

主投影図が決まったら、それを正面図として次の補足投影図が必要かどうか検討します。

主投影図を補足する他の投影図は、できるだけ少なくし、主投影図だけで表せるものに対しては、他の投影図は書きません。

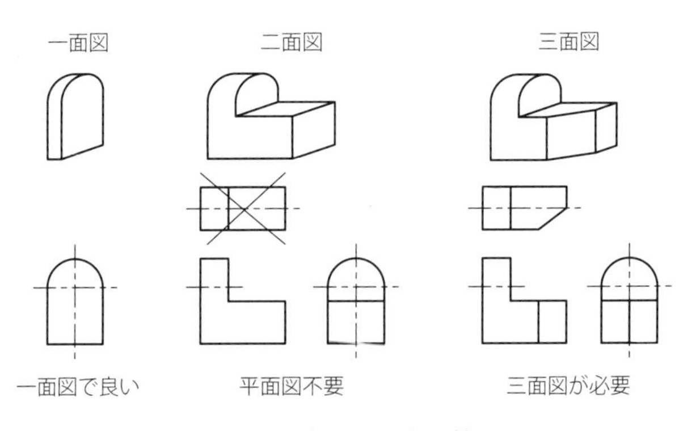

図5-6　投影図の必要数

補足

図面を読みやすく、かつ製図の効率を高めるために、補足の図はできるだけ実線を用いて書く必要があります。

5.4　用途による線の種類

線は、用途によって、表5-2のようになります。

表5-2　線の種類による用途

用途による名称	線の種類	線の用途
外形線	太い実線	対象物の見える部分の形状を表すのに用いる。
寸法線	細い実線	寸法を記入するのに用いる。
引出線		記述・記号などを示すために引き出すのに用いる。
回転断面図		図形内にその部分の切り口を90°回転して表すのに用いる。
中心線		図形の中心を表すのに用いる。
水準面線		水面、油面などの位置を表すのに用いる。
隠れ線	細い破線 （太い破線）	対象物の見えない部分の形状を表すのに用いる。
中心線	細い一点鎖線	・図形の中心を表すのに用いる。 ・中心が移動した中心軌跡を表すのに用いる。
基準線		特に位置決定のよりどころであることを明示するのに用いる。
ピッチ線		繰り返し図形のピッチをとる基準を表すのに用いる。
特殊指定線	太い一点鎖線	特殊な加工を施す部分など特別な要求事項を適用すべき範囲を表すのに用いる。
想像線	細い二点鎖線	・隣接部分を参考に表すのに用いる。 ・工具、ジグなどの位置を参考に示すのに用いる。 ・可動部分を、移動中に特定の位置または移動の限界の位置で表すのに用いる。 ・加工前または加工後の形状を表すのに用いる。 ・繰り返しを示すのに用いる。 ・図示された断面の手前にある部分を表すのに用いる。
重心線		断面の重心を連ねた線を表すのに用いる。
破断線	不規則な波形の細い実線またはジグザグ線	対象物の一部を破った境界、または一部を取り去った境界を表すのに用いる。
切断線	細い一点鎖線で、端部および方向の変わる部分を太くしたもの	断面を書く場合、その切断位置を対応する図に表すのに用いる。
ハッチング	細い実線で、規則的に並べたもの	図形の限定された特定の部分を他の部分と区別するのに用いる。例えば、断面の切り口を示す（Part 2「7.1 断面表示の方法」参照）。
特殊な用途の線	細い実線	・外形線および隠れ線の延長を表すのに用いる。 ・平面であることを示すのに用いる。 ・位置を明示するのに用いる。
	極太の実線	薄肉部の単線図示を明示するのに用いる。

6. 補助的な投影図の示し方

図形の示し方は、明瞭で理解しやすく、しかも極力単純な形で書くことが重要です。対象物の形状を完全に表すために、必要でかつ十分な図を選択する必要があります。それには、まず主投影図、それを補足する図（補足図）の順に選びます。また、図形は国際的に整合した表し方で示すことも大切です。

6.1 補助的な投影図

基本的な投影図だけで表せない場合やより分かりやすくするために、補助的な投影図が用いられます。

(1) 補助投影図

・補助投影図の位置

対象物に傾斜のある部分を通常の平面図や側面図で示すと、図が複雑になるばかりでなく、書いても実形が表れないので意味がありません。したがって、補助投影図は必要な斜面部のみ書き、他の部分は実形を示さないので破断線を用いて省略します（図6-1）。

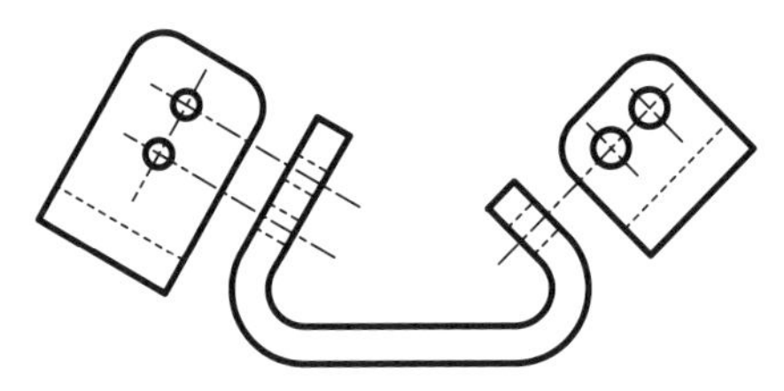

図6-1　補助投影図の位置(1)

・対向する位置に書けない補助投影図

紙面の関係などで、補助投影図を斜面に対向する位置に配置できない場合には、図6-2の（a）に示すように、その旨を矢印と英字の大文字で示します。ただし、図6-2の（b）に示すように、折り曲げた中心線で結び、投影関係を示してもよいでしょう。補助投影図（必要部分の投影図も含む）の配置関係がわかりにくい場合には、表示の文字のそれぞれに相手位置の図面の区域の区分記号（Part2 1.2「(4) 区分記号」参照）を付記します。

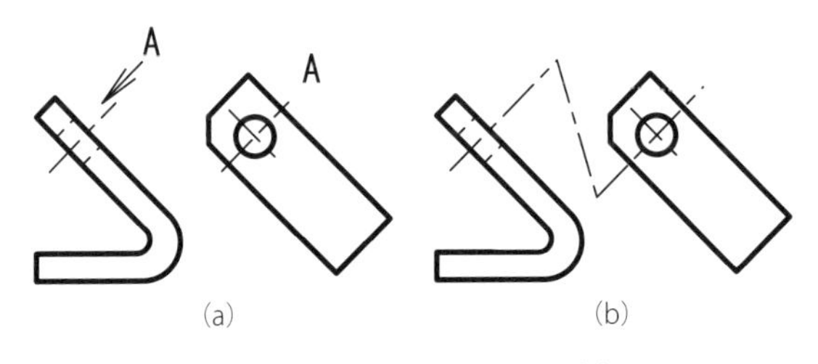

図 6-2　補助投影図の位置（2）

(2) 回転投影図

投影面に、ある角度をもっているために、その実形が表れないときには、その部分を回転してその実形を図示することができます（図6-3）。

なお、見誤るおそれがある場合には、作図に用いた線を残します。

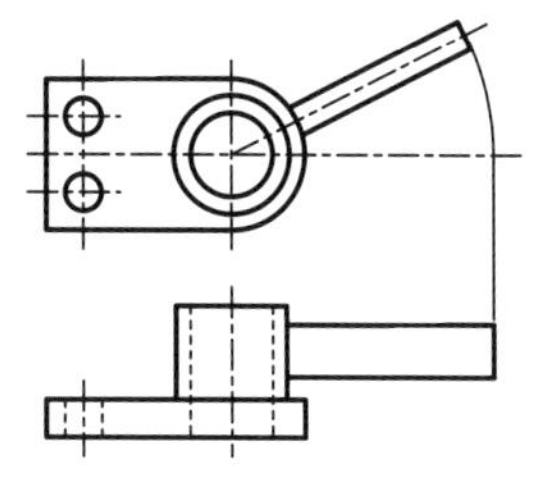

図6-3　回転投影図

(3) 部分投影図

図の一部を示せば足りる場合には、その必要部分だけを部分投影図として表します（図6-4）。

この場合には、省いた部分と境界を破断線で示します。ただし明確な場合には、破断線を省略してもかまいません。

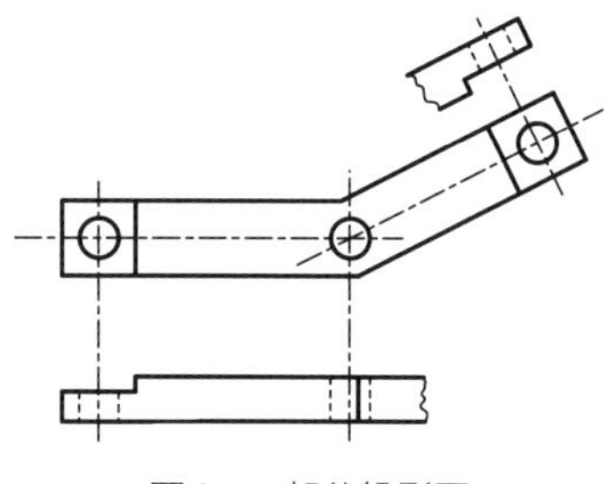

図6-4　部分投影図

(4) 局部投影図

対象物の穴、溝など1局部だけの形を図示すれば足りる場合には、その部分だけを局部投影図として表します。投影関係を示すために、原則として主となる図に中心線、基準線、寸法補助線などで結びます（図6-5）。

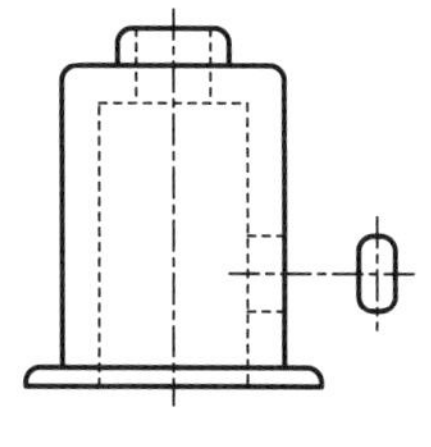

図6-5　局部投影図

7. 断面図の種類と表し方

対象物の内部形状または構造が複雑な場合に通常の投影法で表すと、多くの隠れ線が混み合って、図は不明瞭になり製図上の能率も悪くなります。このような場合、必要箇所を切断したものとして、その断面を外形線で示すことがよく行われます。この方法を断面法といい、その図を断面図といいます。

7.1 断面表示の方法

製図を行うにあたり、ほとんどの場合、断面図を用いて図面を仕上げます。そして、断面図を図示する場合の一般的な方法（原則）があります。

(1) 隠れた部分の図示

隠れた部分を分かりやすく示すために、断面図として図示することができます。断面図の図形は切断面を用いて対象物を仮に切断し、切断面の手前の部分を取り除いて書きます。なお、断面図は、必要に応じてそれぞれの投影方向においていくつ書いてもかまいません。

断面図には、断面に表された形だけではなくその先に見える部分も書きます。

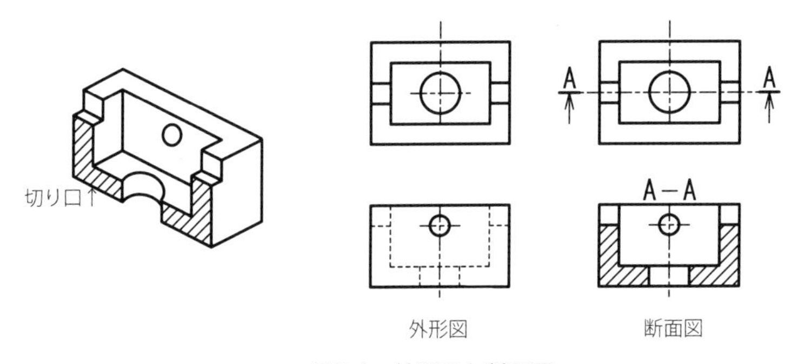

図7-1　外形図と断面図

(2) 断面の表示

切断面を示す切断線を引き、その両端部に見た方向を矢印で、また、切断箇所を英字の大文字で表示します（図7-2）。

断面図の上側または下側のいずれか一方に統一して、切断箇所に表示した文字を"A-A"のように記入します。

表示の文字は、断面図の向きに関係なくすべて上向きにし、明瞭に大きく書きます。

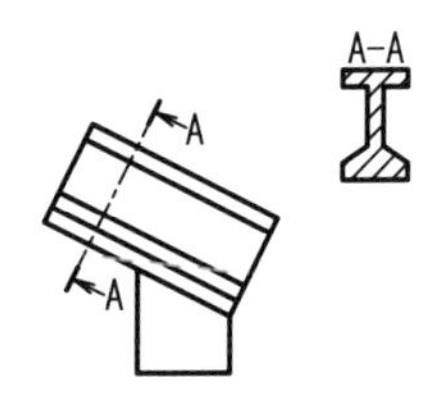

図7-2　切断面と断面図の表示

(3) ハッチング

一般的に断面の切り口を示すために、ハッチングがよく用いられます。ハッチングはなるべく単純な形にして、断面の主な外形線に対し、45°で細い実線で書くことが基本となります（(b)(c) など45°にすると見にくい場合を除く）。

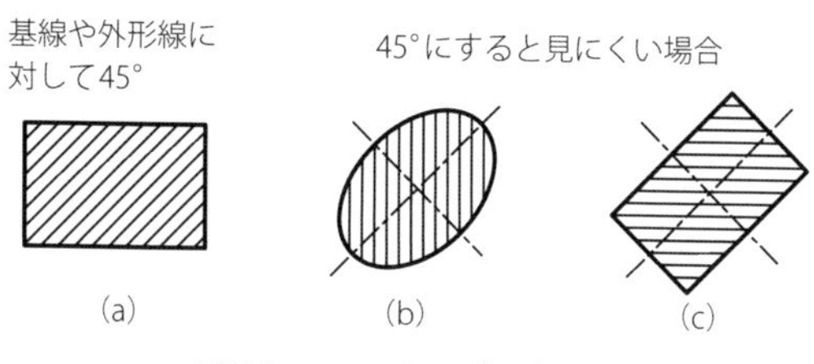

図7-3　ハッチングの書き方

7.2　断面図の種類と表し方

断面図には様々な方法があります。また、断面図の数は1個だけに限らず、複数の断面に分けて書いてもかまいません。

(1) 全断面図

1つの平面で対象物を切断し、図示する方法を全断面法といい、その図を全断面図といいます（図7-4）。

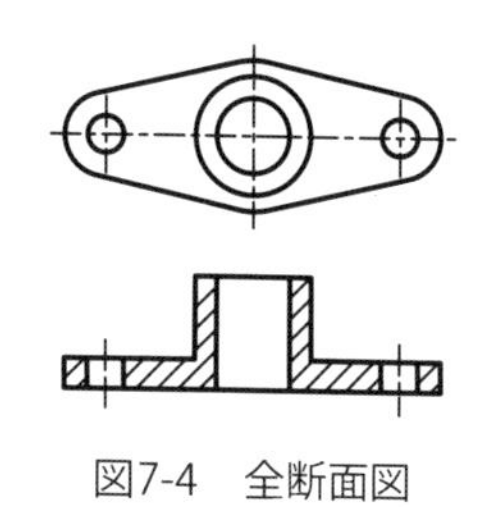

図7-4　全断面図

(2) 片断面図

全断面図が対象形の場合に、これを外形図半分と断面図半分で示す断面図です。この図は片断面図といい、外形と内部を同時に示すことができます（図7-5）。

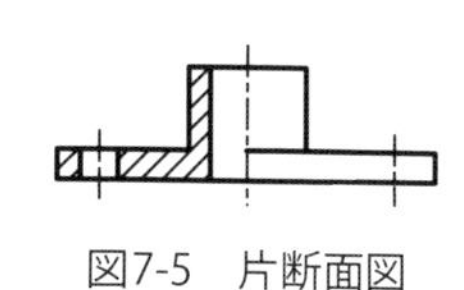

図7-5　片断面図

(3) 部分断面図

外形図において必要とする要所を部分的に示した断面図を部分断面図といいます。このとき外形線と断面の境界は、破断線により示します（図7-6）。

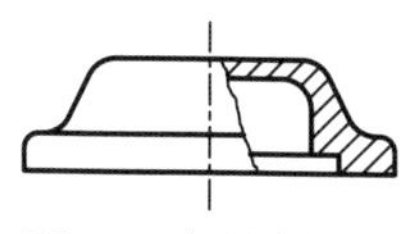

図7-6　部分断面図

(4) 回転図示断面図

投影図に垂直な切断面で切断された切り口を90°回転して表すものを回転図示断面図といいます。その表し方には図7-7に示す3つの方法があります。

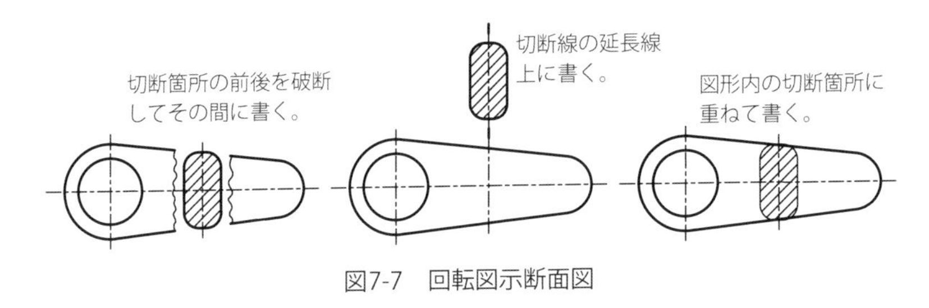

図7-7　回転図示断面図

(5) 横断面図

長手方向に垂直な断面を示す断面です。

河川の河床形状を表すときや、道路や橋梁の断面などに用いられます。

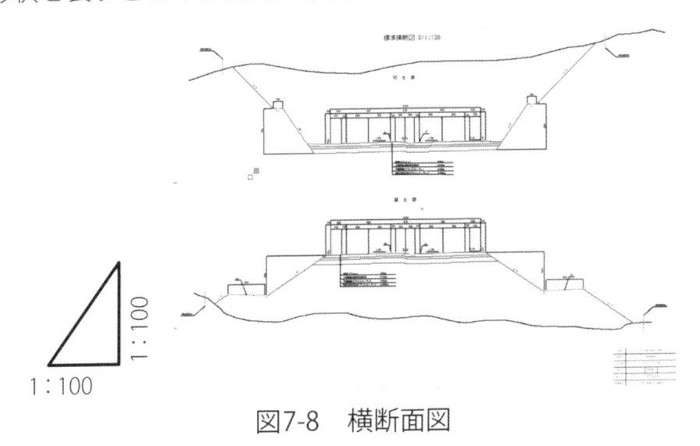

図7-8　横断面図

(6) 縦断図

長手方向の断面図です。

河川や道路、鉄道などに沿って、それを展開して、高さなどを示すときに用いられる断面図です。

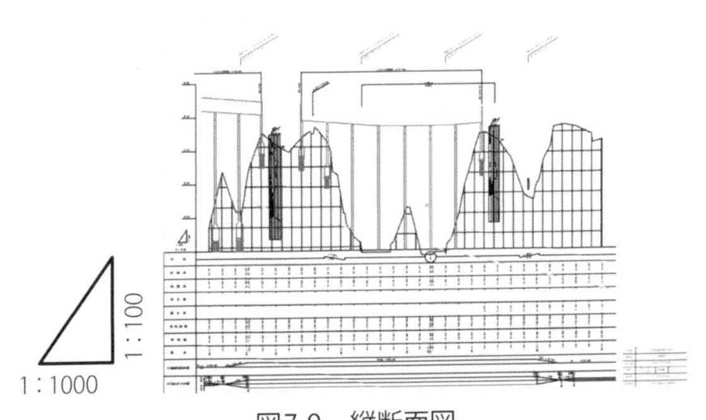

図7-9　縦断面図

参考　その他の図示法

複雑な形状の対象物に対して簡便かつ的確に情報を伝えるためにいろいろな図法があります。よく用いられている図法として、部分拡大図や展開図があります。

(1) 部分拡大図

部分の図形が小さいために、その部分の詳細な図示や寸法の記入ができないときは、その部分を細い実線で囲み、かつ、英字の大文字で表示するとともに、その該当部分を別の個所に拡大して書きます。そして、表示の文字およびスケールを付記します。

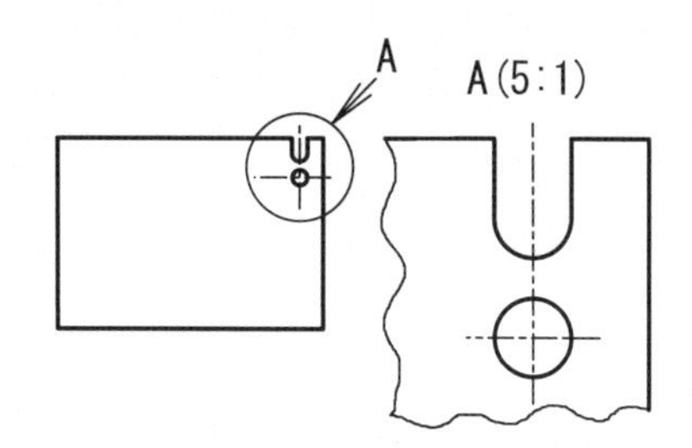

補足

"A部詳細"など言葉による記入は国際化の観点から避けたほうが良い。

(2) 展開図

折れ曲がった状態の対象物において、平面に展開した状態で示すことがあります。これを展開図といい、そのそばに展開図と記入します。

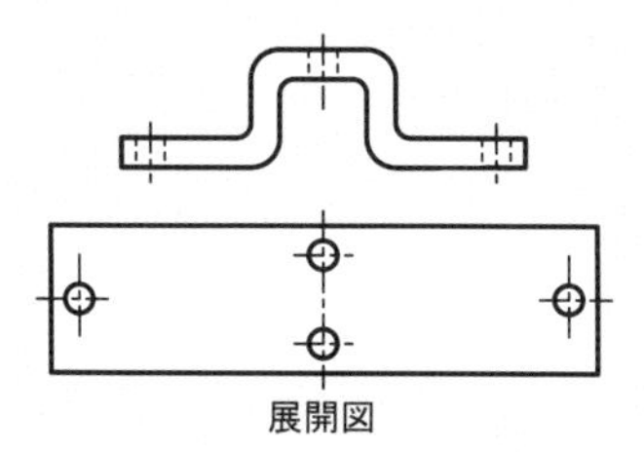

8. 図形の省略の仕方

図形を分りやすくかつ効率的に書くために、対称図形や繰り返し図形は省略して書きます。CADでは図形を正確に効率的に書くことができるため、省略するための作業の手間のほうが大きくなり、繰り返し図形の省略を行わない場合も多く見られます。ただし、図形の省略は手間を省くだけでなく図形を見やすくすることも大きな目的です。

8.1 対称図形の省路

図形が対称図形である場合、次の方法で片側の図形を省略することができます。

(1) 対称図示記号を用いる場合

対称中心線の片側図形だけを書き、その対称中心線の両端部に細く短い2本の平行線（対称図示記号）を付けます（図8-1（a））。

上下左右すべて対称の場合は、対称図形を用いて1/4だけを書きあとは省略できます（図8-1（b））。

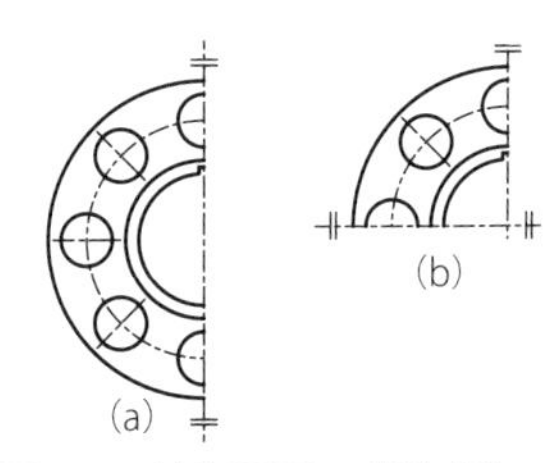

図8-1　対称図形の省略（1）

(2) 対称図示記号を使用しない場合

対称中心線の片側の図形を、対称中心線を少し越えた部分まで書きます（図8-2）。

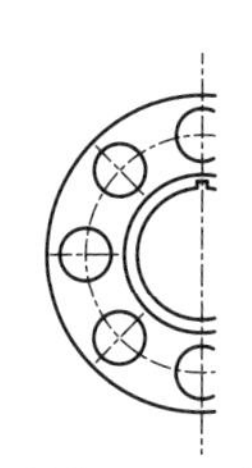

図8-2　対称図形の省略（2）

8.2 繰り返し図形の省略

同種同形の図形が多数並ぶ場合は、次の方法で図形を省略することができます。ただ、CADでは編集機能を利用することにより簡単に書くことができます。

図面を見やすくする意味で省略も必要ですが、CAD製図では、図面が特に見にくくなる場合を除いて、繰り返し図形の省略は行わないほうが望ましいとされています。

(1) 図記号による省略

繰り返し図形が特定の位置に規則正しく並ぶ場合、実形の代わりに（一部要点だけ実形で示してよい）、ピッチ線と中心線の交点に図記号を記入して、この図示記号の意味をわかりやすい位置に注記します（図8-3）。

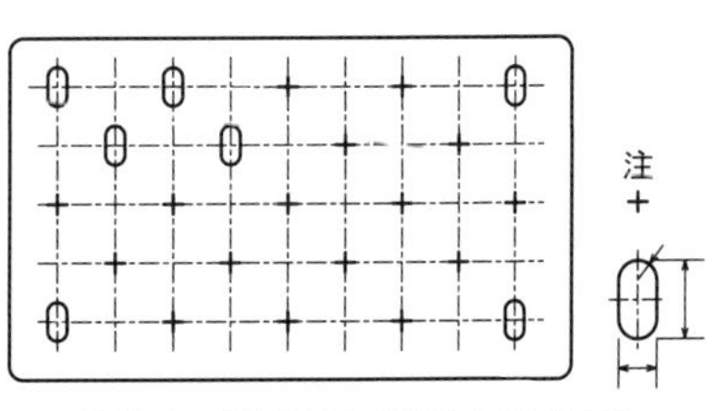

図8-3　繰り返し図形の省略（1）

(2) 繰り返し図形の部分的な省略

規則的に配列されていて見誤る恐れがない場合は、原則として両端部（一端は1ピッチ分）もしくは要点だけを実形か図記号で示し、他はピッチ線と中心線の交点で示します（図8-4）。

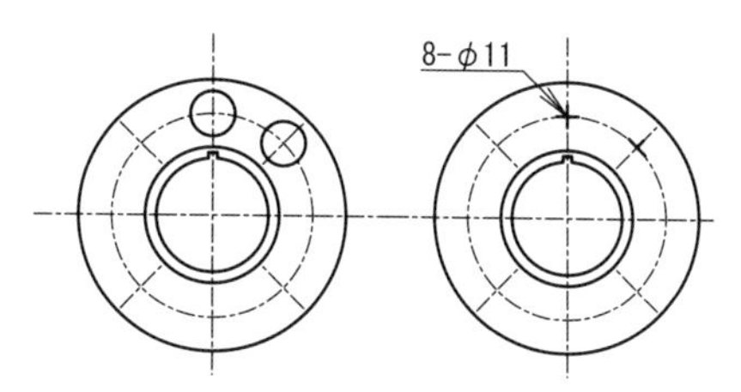

図8-4　繰り返し図形の省略(2)

(3) 寸法による図形の省略

寸法記入で図形の位置が明らかな場合は、ピッチ線に交わる中心線を省略することができます（図8-5）。

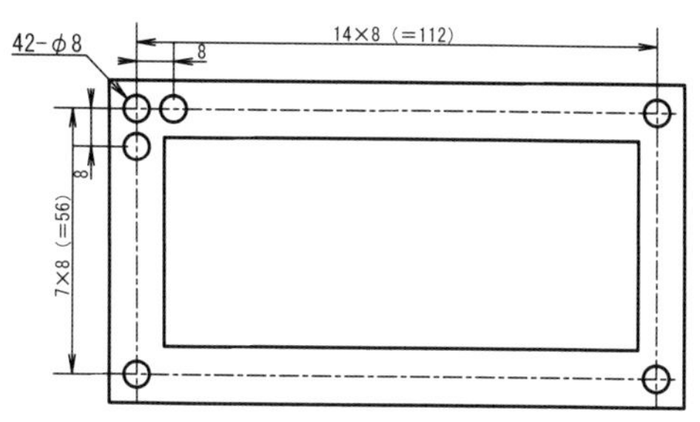

図8-5　繰り返し図形の省略(3)

(4) 省略する断面図の向き

投影元の図形が外形線で書かれている場合は、投影元から見て対称中心線の向こう側を省略して書きます（図8-6 (a)）。

投影元の図形が断面図で書かれている場合は、投影元から見て対称中心線の手前側を省略して書きます（図8-6 (b)）。

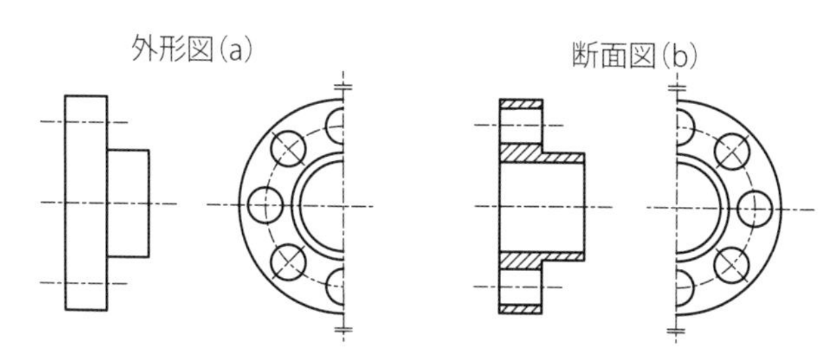

図8-6　対称図形の省略する断面

9. 寸法記入法の基本

図形に寸法を入れることにより図面は完成します。図形が正しく書かれていても、寸法値の誤りや記入漏れ、さらに適切な寸法記入を欠いた図面は、作業能率に影響を及ぼし誤作の原因ともなります。寸法は分かりやすく、また読み間違いのないようにしなければなりません。なお、特に指示がない限り対象物の完成状態での寸法を記入します。

9.1 寸法の基本事項

図形の寸法記入は、寸法補助線および寸法線を用いて記入します。

(1) 寸法の示し方

寸法の各部の名称と一般的な示し方は、図9-1に示すように寸法線、寸法補助線、端末記号、寸法補助記号などを用いて、寸法数値によって示します。

(2) 寸法補助記号

例えば、丸い棒のような対象物では、その直径であることを示すφ(マル)という記号を記入しておくことで側面図を書く必要がなくなります。直径の他にも、その寸法の性質を簡単に示す記号が挿入されます。このような記号のことを寸法補助記号といい、表9-1に示すように種々のものがあります。

寸法補助記号は、寸法数値の前に付けることになっています(参考寸法を除く)。

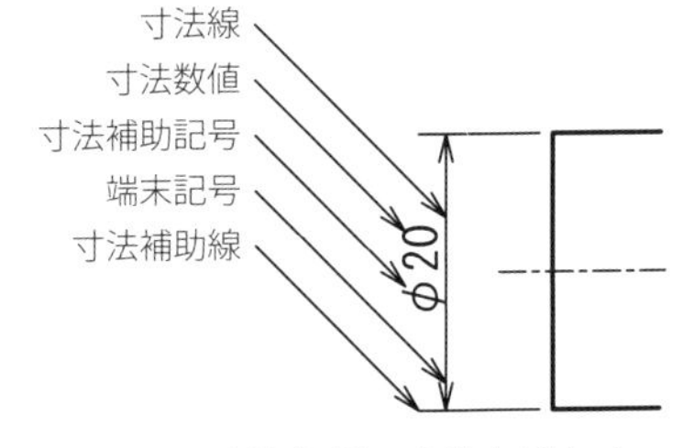

図9-1　寸法各部の名称と示し方

表9-1　寸法補助記号

区分	記号	呼び方	例
直径	φ	マル	φ20
半径	R	アール	R5
球の直径	Sφ	エスマル	Sφ20
球の半径	SR	エスアール	SR5
正方形の辺	□	カク	□10
板の厚さ	t	ティー	t3
円弧の長さ	⌒	エンコ	⌒30
45°の面取り	C	シー	C2
参考寸法	( )	カッコ	(50)

(3) 端末記号

寸法線・寸法補助線の記入には、細い実線を用います。寸法線の両端（または片側）には端末機号を付けることになっています。種類は表9-2に示すように、矢印、黒丸、斜線があります。端末機号は一連の図面内では同一の形を使用し、混在しての使用はしません。ただし、矢印を記入する余地がない場合などは黒丸もしくは斜線と混用する場合があります。

表9-2　端末記号の種類

端末記号		形状
矢印	開いた矢	
	閉じた矢	
	塗りつぶした矢	
黒丸	寸法線の端を中心とした、塗りつぶした小さい円	
斜線	寸法線をよぎり、左下から右上に向かい約45°に交わる短線	

補足

矢印の場合ISOでは7.5×1.25mmが標準値で、拡大縮小は同一比率でするように規程されています。

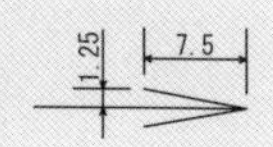

(4) 寸法線の示し方

寸法線は、原則として指示する長さ・角度を測定する方向に平行に引きます。

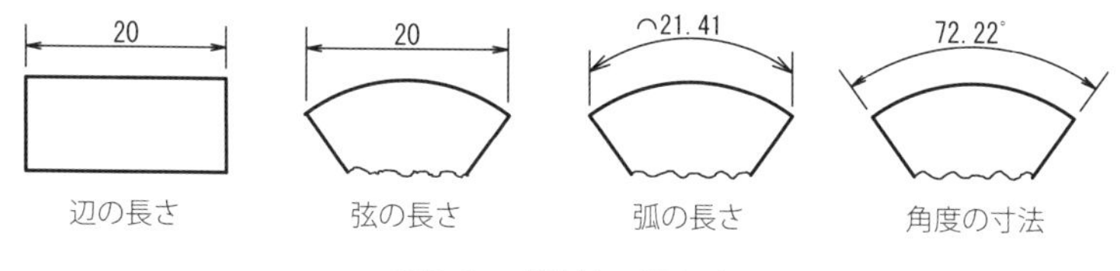

図9-2　寸法線の示し方

補足

中心角が90°より大きい場合の弧長寸法では、寸法補助線は円弧の中心に向けて記入します。

9.2　CADにおける寸法記入

CADでは寸法コマンドで入力された指示点によって、自動的に寸法値が記入されるようになっています。さらに、必要に応じて数値を変更する機能が用意されています。寸法記入の手順は次のようになります。

①　寸法線の種類を選択

② 始点、終点を指定（または要素を指定）

③ 寸法値を記入する位置を指定

(1) 水平・垂直・平行寸法

CADにおいては図9-3に示すように、水平寸法、垂直寸法および平行寸法など選択するコマンドに応じて、水平、垂直および平行に寸法線や寸法値が記入されます。

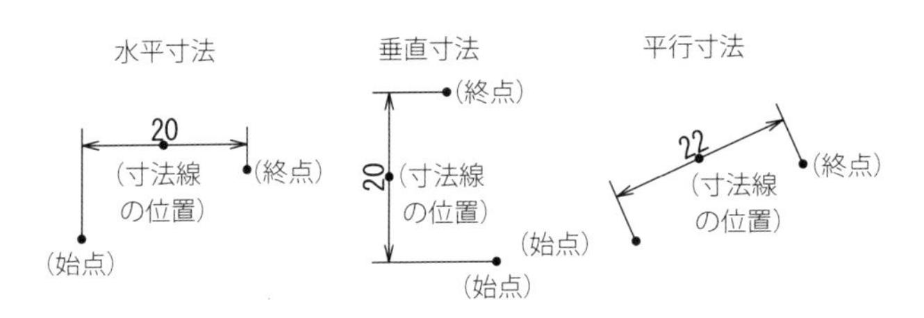

図9-3 水平・垂直・平行寸法

(2) 半径・直径・角度寸法

半径寸法、直径寸法は図9-4に示すように各々対応する要素を指示することにより表示されます。

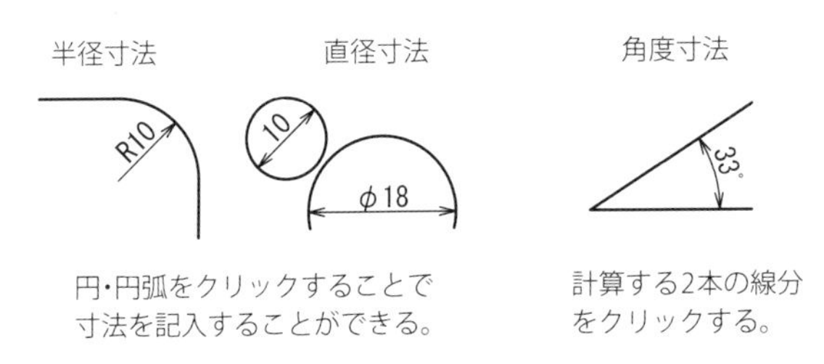

図9-4 半径・直径・角度寸法

(3) 寸法数値を記入する向き

図9-5に示すように、斜めに引かれた寸法線へ寸法数値を記入する場合は、水平方向に対して上側に、垂直方向に対しては左側に寸法数値を記入します。

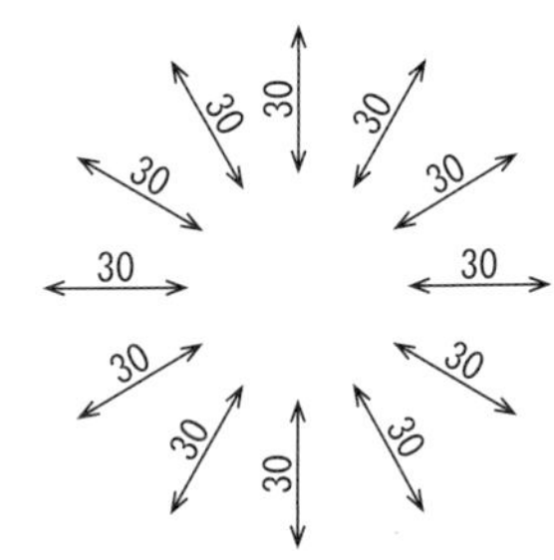

図9-5 斜めに引かれた寸法線の向き

9.3　寸法記入のポイント

寸法は正面図に記入します。正面図では記入できない奥行きなどの寸法は、平面図または側面図に記入します。

寸法線は実線に対して記入し、隠れ線に対しての記入は避けるべきです。なお、mm以外の単位使用時はその単位を記入します。

寸法記入においては、次に示すポイントに注意して記入します。

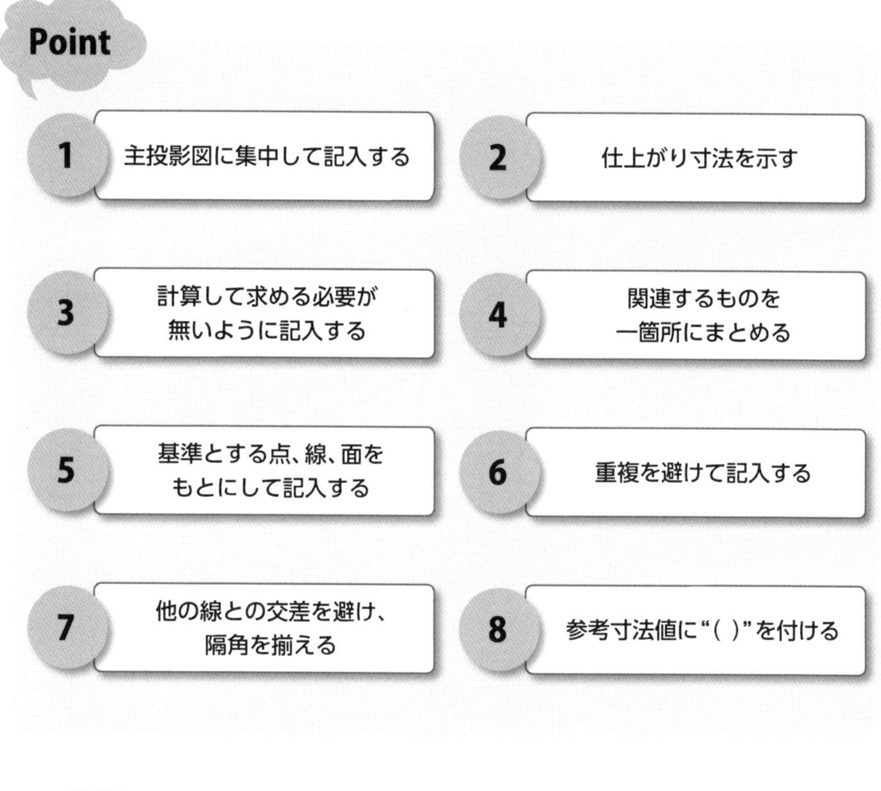

補足

- 隠れ線から寸法線や寸法補助線は引かない。
- 加工工程ごとに配列を分けて記入する。
- 寸法数値に寸法補助記号を付ける。

10. 寸法補助記号による寸法記入

寸法は、寸法線、寸法補助線、寸法数値によって表しますが、必要に応じて引出線や寸法補助記号などを用いて表します。CADでは、寸法に関した様々な設定ができます。JIS規格やプロジェクトに応じて、単位や文字の大きさ、間隔、矢印の形やサイズなどの記入の方法を設定することが可能です。

10.1　寸法補助記号による記入法

寸法補助記号を使った寸法記入法の例を示します。

(1) 直径寸法

円柱および丸穴などの大きさを示す場合、寸法数値の前に直径を示す"φ"（マル）を寸法数値の前に記入します。円形の図形には、直径寸法を記入しません。ただし、寸法線が片側の場合には、半径寸法と誤認しないように記号を付けます（図10-1）。

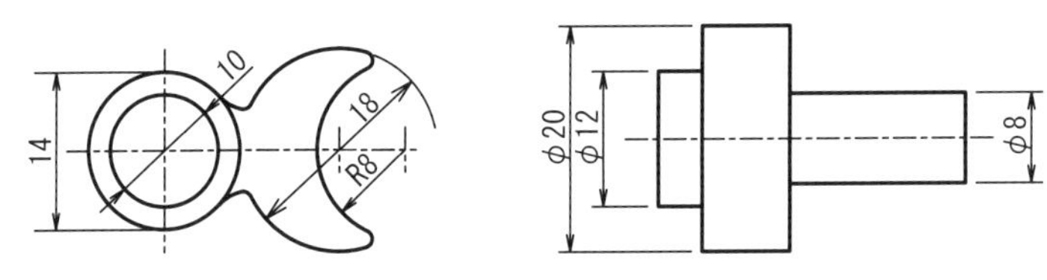

図10-1　直径寸法

(2) 半径寸法

円弧などの大きさを示す場合、寸法数値の前に、半径を示す"R"を記入します。ただし、寸法線を円弧の中心へ引く場合、この記号を省略できます（図10-2）。

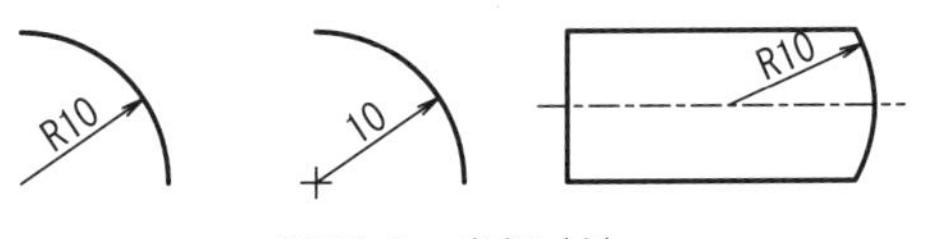

図10-2　半径寸法

(3) 球の直径と半径

球の直径と半径の大きさを示す場合、寸法数値の前に、球を示す"Sφ"または"SR"を記入します。球の記号は球であることを明らかにするため記号は省略しません（図10-3）。

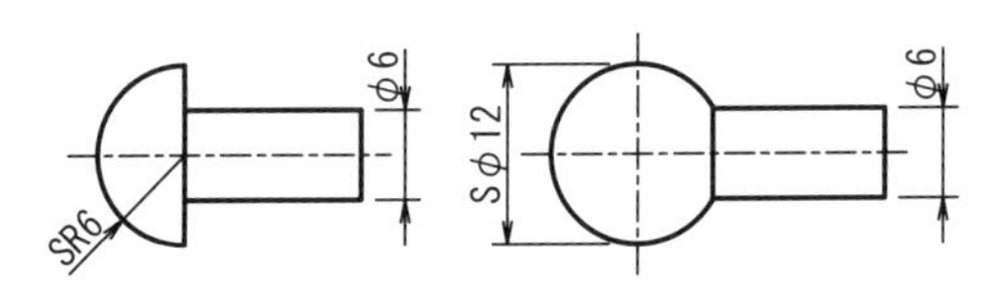

図10-3　球の直径と半径

(4) 正方形の辺の寸法

対象物の断面が正方形である場合、寸法数値の前に、正方形の辺の長さを表す記号"□"を記入します（図10-4）。

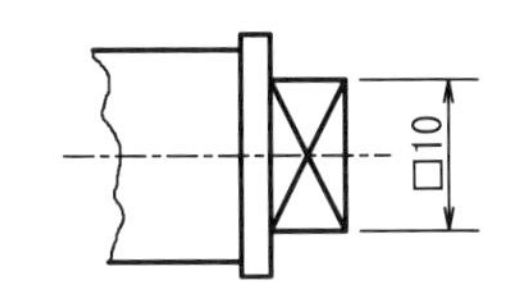

図10-4　正方形の辺の寸法

(5) 厚さを示す寸法

板物のような奥行きが一様の場合、奥行きを示す側面図を省略できます。このとき厚さの寸法をその図の近くまたは図の中の見やすい位置に、その厚さを示す寸法数値の前に、厚さの記号"t"を記入します（図10-5）。

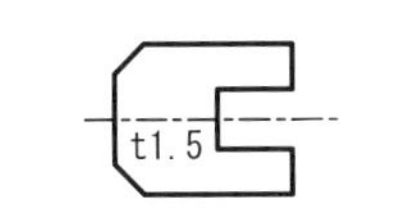

図10-5　厚さを示す寸法

(6) 円弧の長さ寸法

円弧の長さを示す必要がある場合には、円弧の弦に直角に寸法補助線を引きその円弧と同心円弧を寸法線とします。ここで円弧であることを明らかにするために、寸法数値の前に、円弧の長さ記号"⌒"を記入します（図10-6）。

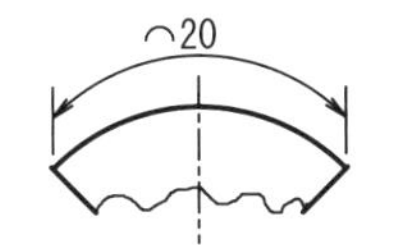

図10-6　円弧の長さ寸法

(7) 面取り寸法

通常の面取りは角度と面取り寸法を記入して表します。ただし角度45°の面取りの場合、寸法数値の前に、面取りを示す記号"C"を記入します（図10-7）。

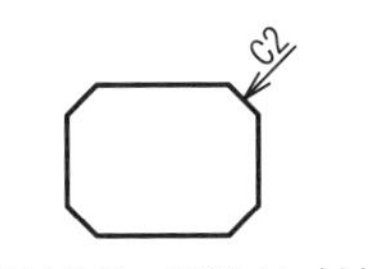

図10-7　面取り寸法

10.2　引出線

引出線は、測定したい図形を矢印で示して引き出し、寸法数値などを記入するために使います。また、引出線は寸法数値の他、加工法、注意事項などの記入にも使用されます（図10-8）。

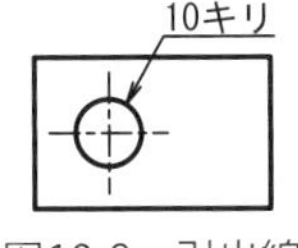

図10-8　引出線

11. 寸法配置と寸法編集

寸法を記入する場合、見やすくかつ理解しやすいように記入し、誤読を避けることが大切です。そのような観点からも状況に応じた寸法の配置方法があります。対象物の複雑さや加工の方法などを考慮して適切な寸法配置で表します。また、CADならではの寸法編集機能でさらに誤読のない製図ができます。

11.1 寸法の配置

寸法の記入方法には、寸法の配置に基づき「直列寸法記入法」「並列寸法記入法」「累進寸法記入法」および座標を表にして示す「座標寸法記入法」があります。

(1) 直列寸法記入法

個々の部分の寸法をそれぞれから次々に記入していく方法です。直列に連なる個々の寸法に与えられる寸法公差が、逐次累積してもよいような場合に用います（図11-1）。

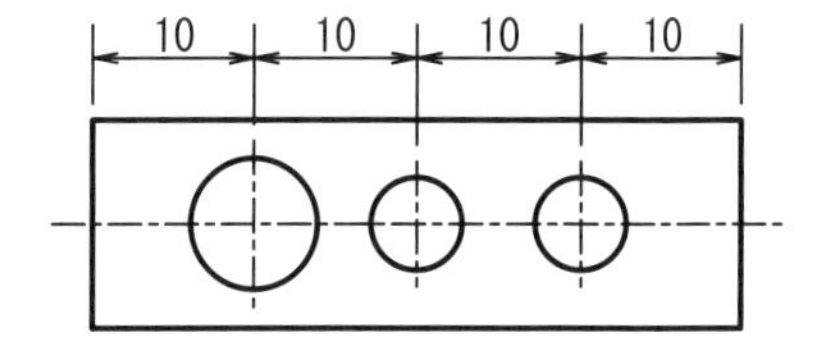

図11-1 直列寸法記入法

(2) 並列寸法記入法

基準となる部分から、個々に寸法線を並べて記入する方法です。この方法によれば、並列に記入する個々の寸法公差は、他の寸法公差には影響を与えません。この場合、共通側の寸法補助線の位置は、機能・加工などの条件を考慮して適切に選びます（図11-2）。

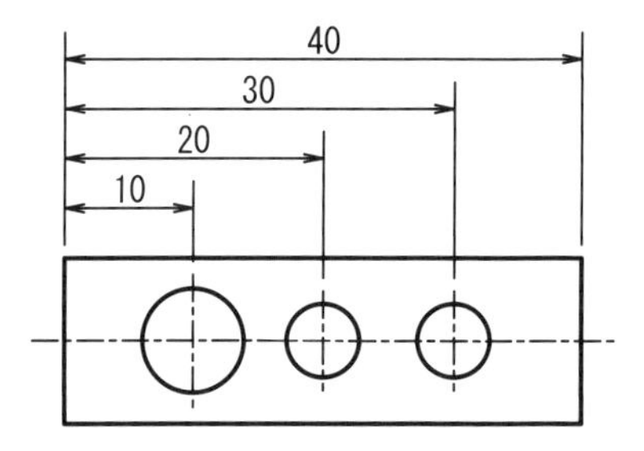

図11-2 並列寸法記入法

(3) 累進寸法記入法

基準となる部分から、個々に寸法線を並べて記入する方法です。この方法によれば寸法公差に関して、並列寸法記入法と全く同様の意味を持ちながら1本の連続した寸法線で簡便に表示できます。この場合、寸法の起点の位置は、起点記号で「○」で示し、寸法線の他端は矢印で示します（図11-3）。

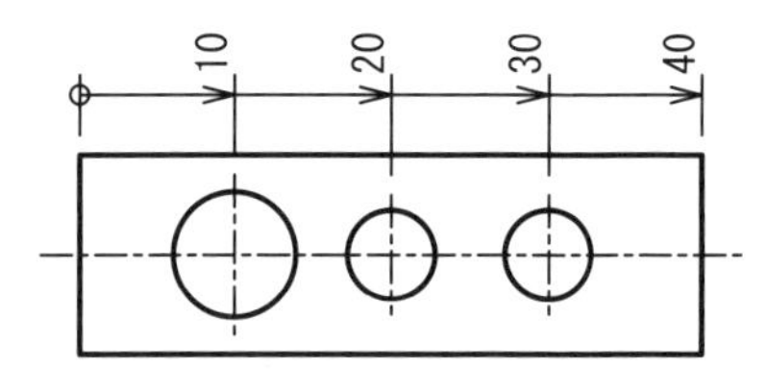

図11-3 累進寸法記入法

(4) 座標寸法記入法

個々の点の位置を表す寸法を座標によって記入する方法です。

穴の位置や大きさなどの寸法は、座標を用いて表す方法です。この場合、表に表すXYの値は、起点からの寸法です（図11-4）。

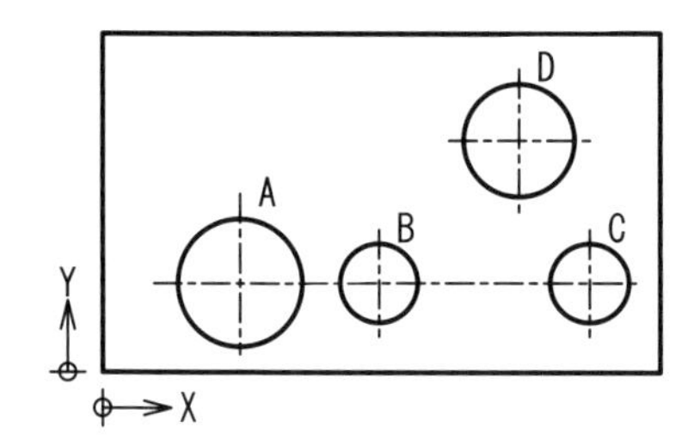

	X	Y	Φ
A	10	6.25	7.5
B	20	6.25	5
C	30	6.25	5
D	35	16.25	7.5

図11-4　標準寸法記入法

11.2　寸法記入の編集

CADでは寸法線の位置を揃えたり、矢印の向きを変えたり簡単に寸法線の編集ができます（図11-5）。

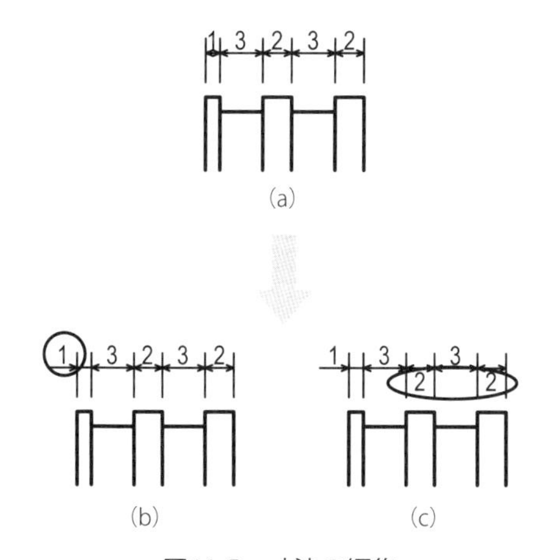

図11-5　寸法の編集

例えば、狭い場所での寸法位置を、図11-5（b）のように左右に移動して見やすくします。また、寸法数値が並んで判別しにくい場合には、図11-5（c）のように寸法数値を上下して分かりやすくします。

2次元CADの歴史

年　代	CADの発展推移の状況
1960年代	マサチューセッツ工科大学（MIT）のIvan.E.Sutherrandの論文Sketchpad（スケッチパッド）がCADの始まりといわれています。コンピュータ内に図形を表現し、その図形を自由に修正・削除などするという当時としては画期的なものでした。その後もMITでは、CADの実現に必要なコンピュータ利用技術の研究がされました。1960年代後半になると、自動車メーカー、航空機メーカーなどでいくつかの商用のCADシステムが登場しました。中でもロッキード社が開発したCADAMが実用化CADの代表的なものでした。
1970年代	コンピュータのコストパフォーマンスが向上し、商用のCADが次々と登場して、ミニコンをベースとしたCADが、大企業で導入されました。
1980年代	エンジニアリング・ワークステーション（EWS）、パーソナルコンピュータ（PC）が普及し、これをベースにしたCADの利用が増えました。 このような状況の中、「**it'sCAD**」の前身であるUNIXのX Windowで作動する「XCAD*」が開発販売されました。
1990年代	パーソナルコンピュータ（PC）の高機能化、低価格化が進み、PCによるCADの利用が飛躍的に増えました。90年代後半には「**it'sCAD****」をはじめWindows対応の低価格CAD（¥4,800〜¥148,000）が多数開発販売されました。さらに、Jw_cad***（MS-DOS版のフリーソフト）が公開されました。
2000年代	2次元CADは技術的には完成された状態に至り、手軽な設計支援ツールとして普及しました。また、Jw_cadのWindows版（フリーソフト）もリリースされました。

* 「XCAD」と同名のCADは当時インデックスシステムコンサルタンツ株式会社製以外にも複数存在しました。

** CADソフト(FD)付きの書籍(¥4,800)として出版、全国の書店で販売されました。

*** 当時ネット環境はあまり普及していなかったため、FD付きの雑誌の解説本(¥4,800)として販売されました。

Part 3

CAD作図の初歩

ここではCADの起動から始めて最後に保存、印刷、終了の方法を説明します。そして具体的な例題としては、機械部品の加工および測定に使用されるVブロックの正面図、平面図を作図します。Vブロックは直線だけの非常に簡単な形状ですが、この図を書くことで図面を書く上での基本操作を練習します。

まず図面枠を作成し、続いてCADの機能の1つ、レイヤー機能を学習し、外形、寸法をレイヤーごとに作図します。作図の方法はいろいろ考えられますが、作図コマンドとして、中心四角形、平行線、角度線を利用して作図します。編集コマンドとしては、コーナー処理、対称複写、消去、寸法編集および要素情報編集を利用します。

多くのコマンドは使いませんが、CAD作図の概要、流れは理解できます。

---

1. Vブロックの作図をはじめる前に

1.1　作図の手順

作図に入る前に、まず次のことを決めます。

① どの面を正面図にするか？

② 何面図にするか？

③ スケール（尺度）はいくつにするか？

④ 図面（用紙）のサイズは？

つぎに、CAD製図の作業手順は以下のような流れになります。

① CADを起動して、図面を開く。

② コマンドを実行、作図・編集作業を行う。

③ 図面を保存する。

④ 図面を閉じて、CADを終了する。

図1-1　Vブロック姿図(キャビネット投影図)

1.2　図面枠の作成

正面図と平面図の二面図とし、図面サイズは“A4”、スケールは“1：1”とします。

(1) **it'sCAD**を起動し、まず、図面枠を作成します。ここでは**it'sCAD**で用意されているサンプル図面枠を呼び出して使います（図面枠が不要な場合は、省略してもかまいません)。

(2)「ファイル」—「開く」を順にクリックします。

(3)「C：¥Program Files（x86）¥it'sCAD MAX3¥サンプル」の中の「図面枠A4」を開きます。

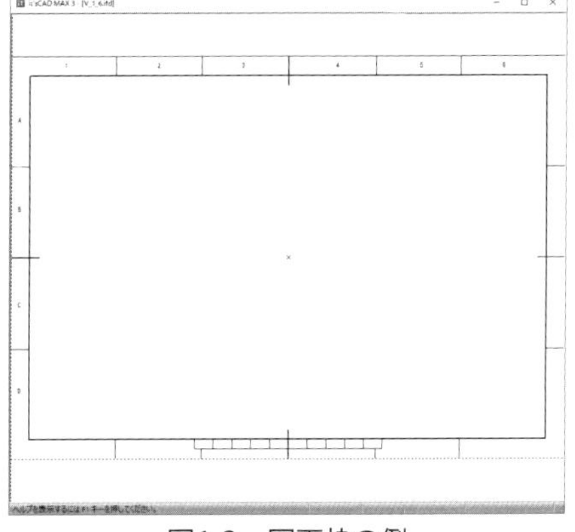

図1-2　図面枠の例

1.3　図面の設定

図面のサイズを設定します。

(1)「ファイル」—「図面設定」の「図面サイズ」のタブを順にクリックします。

(2)「図面設定」ダイアログの「図面サイズ」のタブより、「図面サイズ」は“A4”を、「方向」は“横”を選択し、「OK」をクリックします。

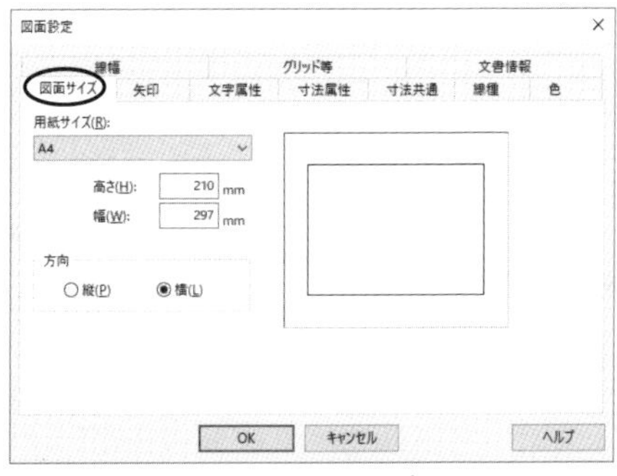

図1-3　図面設定

作図手順を理解し、CADの起動、図面サイズやスケール（尺度）および座標系の設定を行います。

1.4　スケール、座標系の設定

スケールおよび座標系を設定します。

(1)「スケール」リストからスケールのプロパティを開きます（Part 1「6.3 座標系およびスケールの設定」参照）。

(2) ここでは、名前を“Vブロック”として、スケールは“1：1”とします。
（基準点は、図面（用紙）の中心から距離を左下が(0,0)となるように、図面(用紙）に対応してして自動的に設定されます。また、任意の値も設定できます。）

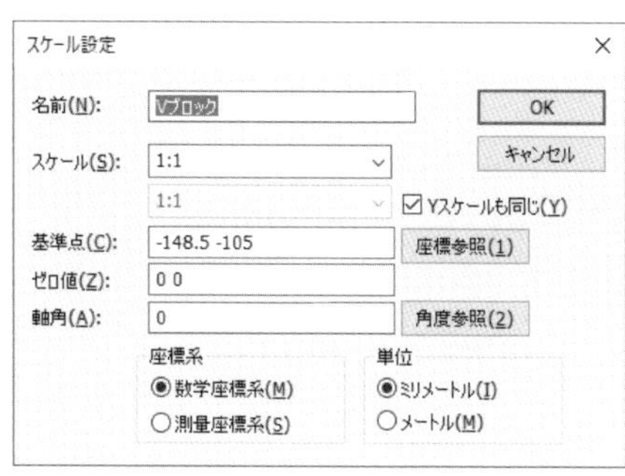

図1-4　スケール(スケール・座標系)の設定

1.5　レイヤーの設定

外形線、寸法線のレイヤーを設定します。

(1) レイヤーリストの「Layer01」をダブルクリックすると「レイヤー設定」画面が表示されます（Part 1「5.3 レイヤーの設定方法」参照）。

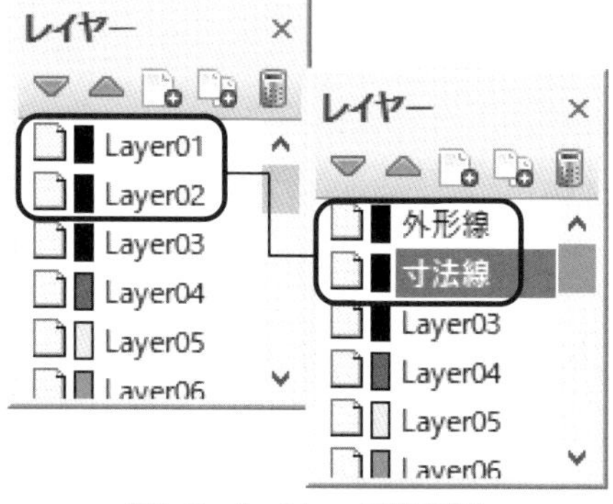

図1-5　レイヤーの設定(1)

(2) ここでは次表に示すように、外形線と寸法線のレイヤーを設定します。

名前	色	線幅	線種
外形線	黒	0.35	実線
寸法線	黒	0.18	実線

ここでは中心線のレイヤーは作成せず、外形線のレイヤーに書くことにします。

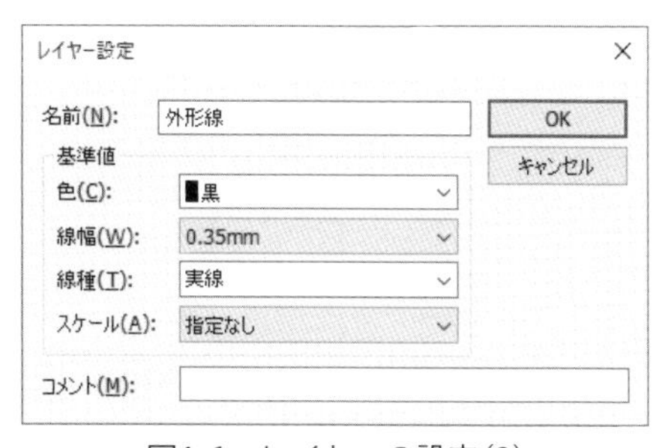

図1-6　レイヤーの設定(2)

補足

レイヤー機能を使用すると図面の表示・非表示の選択や、レイヤー毎の編集ができます。

2. 正面図の外形線と中心線を書く

2.1　正面図（外形線）の作図

中心四角形コマンドを使って、外形線（太い実線）で1辺75の正方形を書きます。

(1)「1.5 レイヤーの設定」で設定した「外形線」のレイヤーを選択します。

(2) 中心四角形コマンド（「作図」―「定形」―「中心四角形」）を選びます。

図2-1　中心四角形コマンドの選択

(3) 数値の入力を始めるか、［Tab］キーを押すと、数値入力ダイアログが表示されます。ここで、幅を“75”に、高さを“75”として入力します。

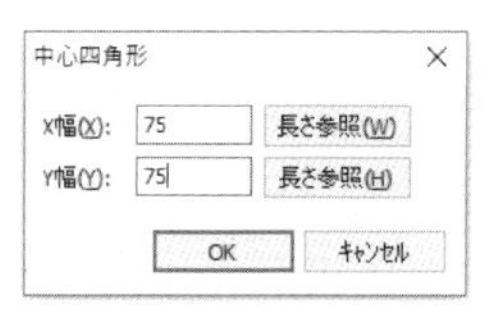

(4) 正面図を書く位置（中心）でクリックします。

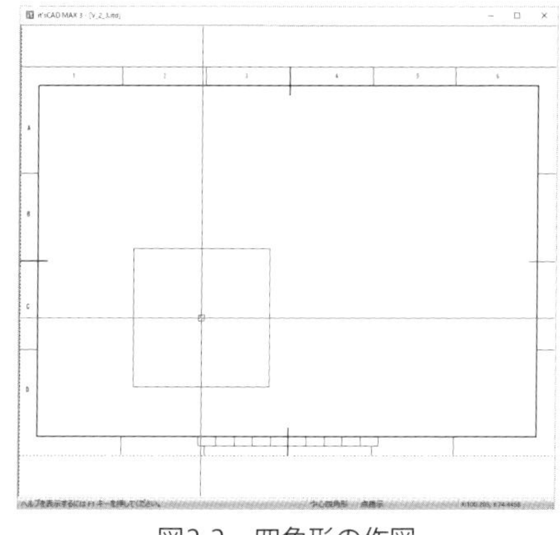
図2-2　四角形の作図

2.2　中心線

平行線コマンドで、四角形の縦中央に中心線（細い一点鎖線）を書きます。

ここではレイヤーはそのままで、同一レイヤー上に中心線を書くことにします。

(1)「システム」の線種を“一点鎖線”に、線の太さ“0.18”に設定します。

（外形線のレイヤーは太線（0.35mm）と実線に設定されているので、線種および線の太さを変更します。）

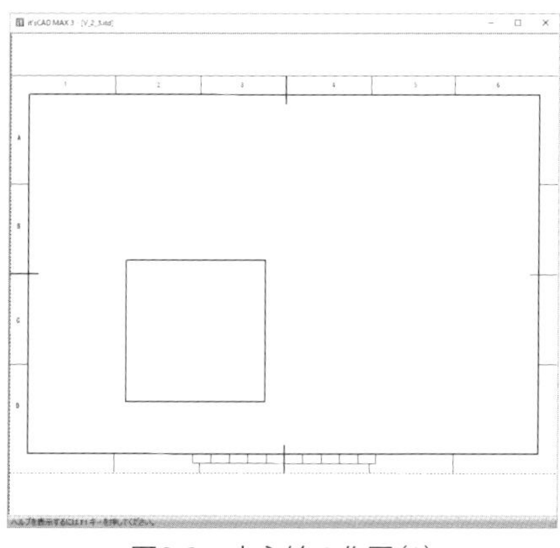
図2-3　中心線の作図(1)

四角形コマンドを使って正面図を作図して、同じレイヤーに中心線を引きます。

(2) 平行線コマンド（「作図」―「直線」―「平行線」）を選択し、図の①の線をクリックします。
数値入力により（[Tab] キーを押す）、間隔を“75/2”と入力します。

補足

数値入力の際、演算（四則演算のみ）も行うことができます。

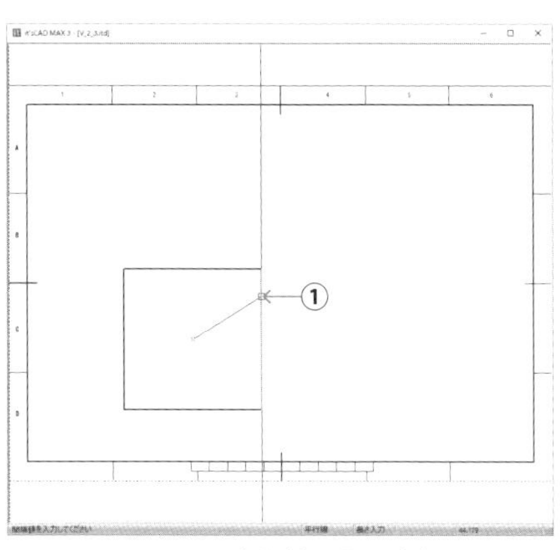

図2-4　中心線の作図(2)

(3) 表示された平行線の左側②をクリックします。

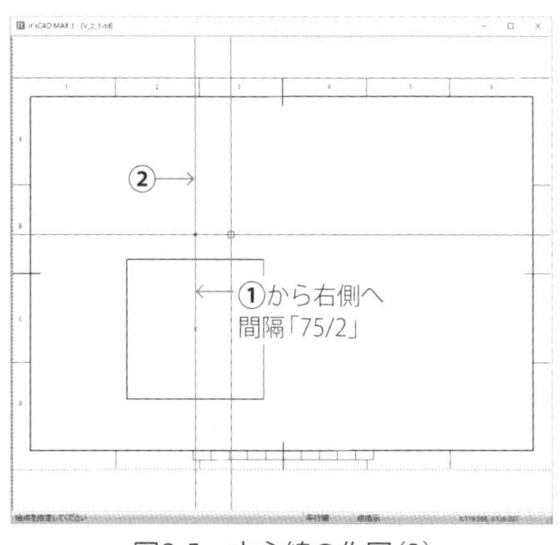

図2-5　中心線の作図(3)

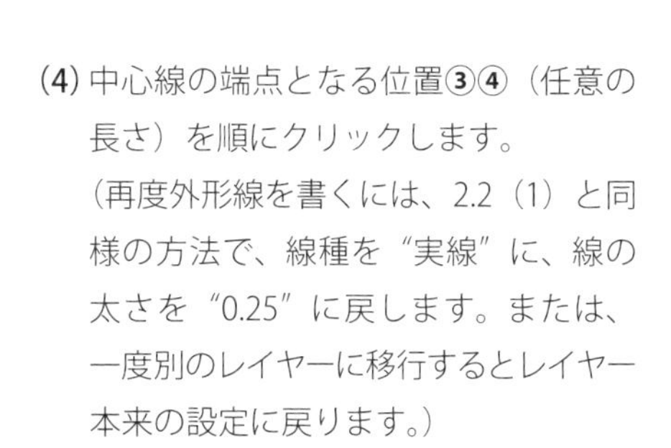

(4) 中心線の端点となる位置③④（任意の長さ）を順にクリックします。
（再度外形線を書くには、2.2（1）と同様の方法で、線種を“実線”に、線の太さを“0.25”に戻します。または、一度別のレイヤーに移行するとレイヤー本来の設定に戻ります。）

補足

必要に応じてズームコマンドにより作図中に画面を拡大や縮小をすることができます。

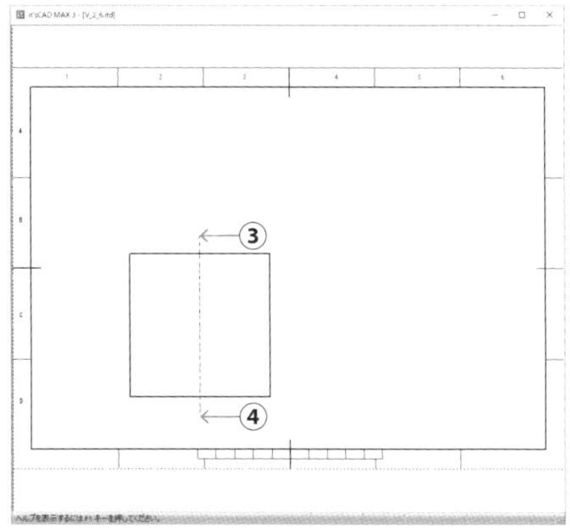

図2-6　中心線の作図(4)

3. V字部および溝部を書き、複写コマンドを使う

3.1 V字部、溝部の作図

平行線コマンドを使ってV字部および溝部を書きます。

(1)「システム」にて線種を“実線”、線の太さを“0.35mm”に戻します。

(2) 引き続き平行線コマンドのまま、中心線①をクリックし、数値入力により（[Tab] キーを押す）間隔を“55/2”と入力します（Part 1「4.1 数値入力」参照）。

(3) 表示された平行線の右側②をクリックします。

(4) 四角形の上側に、はみ出すように端点③④（任意の長さ）を順にクリックします。

(5) 同様に中心線から右側へ、間隔“3/2”の平行線を任意の長さで引きます。

(6) 同様に四角形の下側の線から、間隔“45”の平行線を引きます。

(7) 角度線コマンド（「作図」—「直線」—「角度線」）で⑥の点を中心に45°の角度線を引きます。角度の基準線を⑤、通過点（角度中心）を⑥の順にクリックし、数値入力により角度を“45”と入力します。

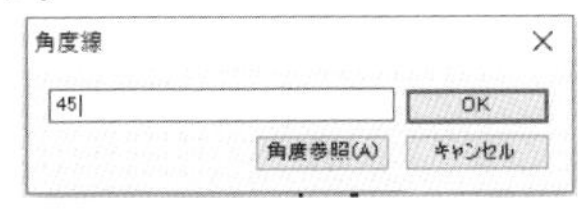

(8) 線分の端点を⑦⑧の順にクリックして線を引きます（任意の長さ）。

補足

- 角度制限を使って、簡単に作図することもできます。
- 角度の測り方は反時計（左）回りを＋（プラス）、時計（右）回りを－（マイナス）です。

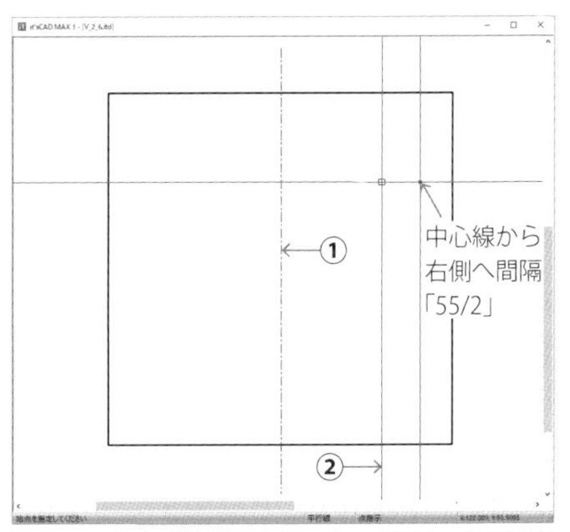

図3-1　平行線コマンドによる溝部の作図（1）

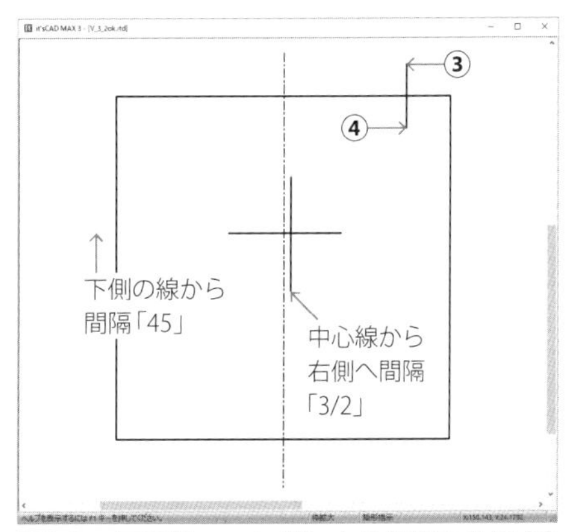

図3-2　平行線コマンドによる溝部の作図（2）

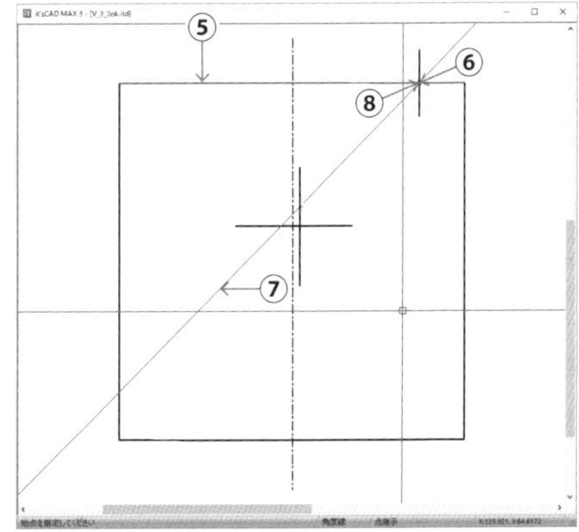

図3-3　角度コマンドによるV字部の作図

作図コマンドの平行線、角度線と
編集コマンドの対称複写コマンドを用いてV字の溝を書きます。

3.2 コーナー処理

コーナー処理コマンドで不要な線を整えます。

(1) コーナー処理コマンド(「編集」―「角処理」―「コーナー処理」)で⑨と⑩を左クリックして不要な線を消して形を整えます。

(2) 続いて⑩と⑪、⑪と⑫の順にクリックし、はみ出た線を修正します。

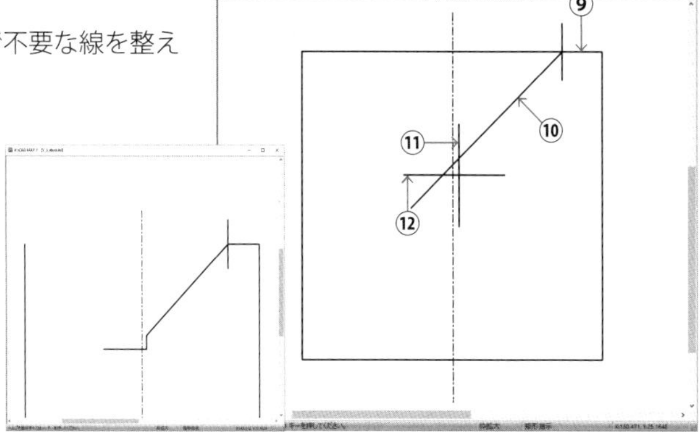

図3-4　コーナー処理

3.3 V字部、溝部の仕上

対象複写コマンドを使ってV字部全体を書きます。

(1) 対称複写コマンド(「編集」―「複写」―「対称複写」)で、右側の溝部を左側に複写してV溝を完成させます。
⑬⑭⑮の線分(複写する要素)を選択します。
選択終了は右クリックです。

(2) 対称軸(中心線)の端点を⑯⑰をクリックします(図は複写後を示しています)。

(3) 再びコーナー処理コマンドで溝の部分のはみ出た線⑱⑲を修正します。

(4) 最後に消去コマンド(「編集」―「消去」―「消去」)で不用になった線⑳を消去します。
選択終了は右クリックです。
これで正面図が完成です。

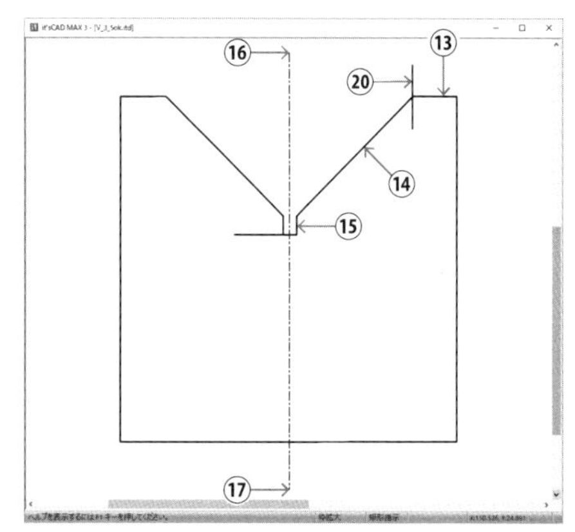

図3-5　対称複写(1)

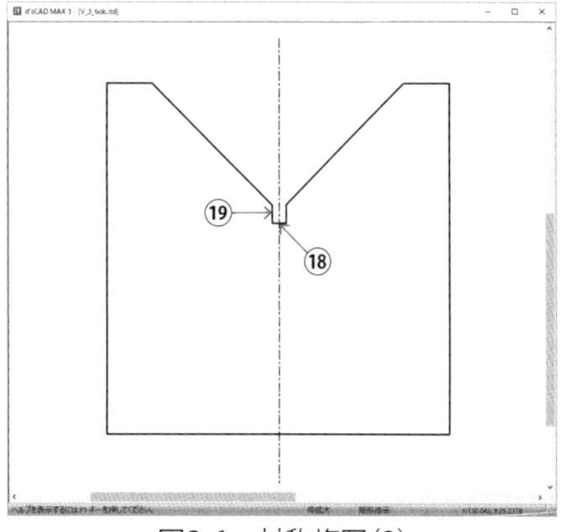

図3-6　対称複写(2)

4. 平面図を書き、要素情報編集コマンドを使う

4.1　平面図の作図

(1) 平行線コマンド（「作図」—「直線」—「平行線」）で線①（任意の水平な線）を選択後、適当な高さ②でクリックします。次に③④（始点と終点）で線分の長さを正面図から決めます。

補足

このようにすでに書かれた図形を利用すると数値入力を省けると同時に正確な図を書くことができます。

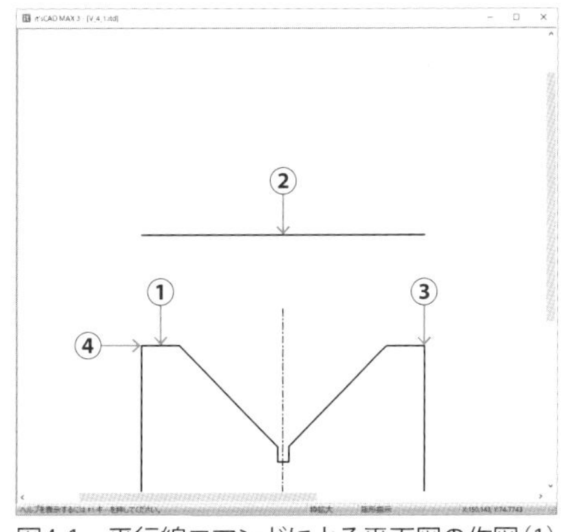

図4-1　平行線コマンドによる平面図の作図(1)

(2) 次に線⑤をクリックし、数値入力（[Tab]キーを押す）により間隔を“45”と入力します。
マウスを移動し、上側の⑥でクリック後、同様に⑦⑧（始点と終点）をクリックして長さを決めます。

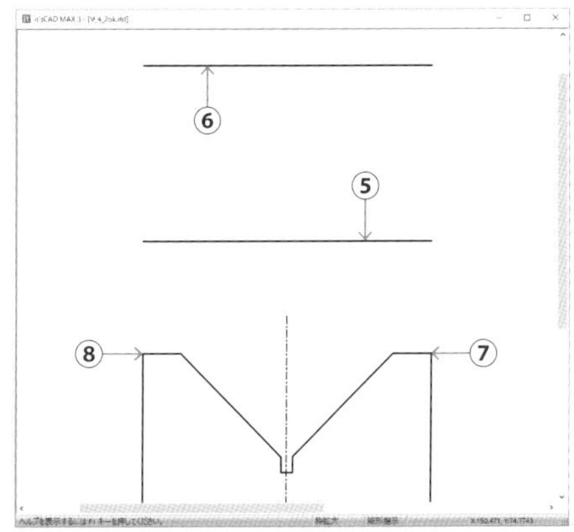

図4-2　平行線コマンドによる平面図の作図(2)

(3) 任意の垂直線⑨をクリックし、⑩（垂直線の位置）と⑩⑪（始点と終点）の順でクリックして線を引きます。

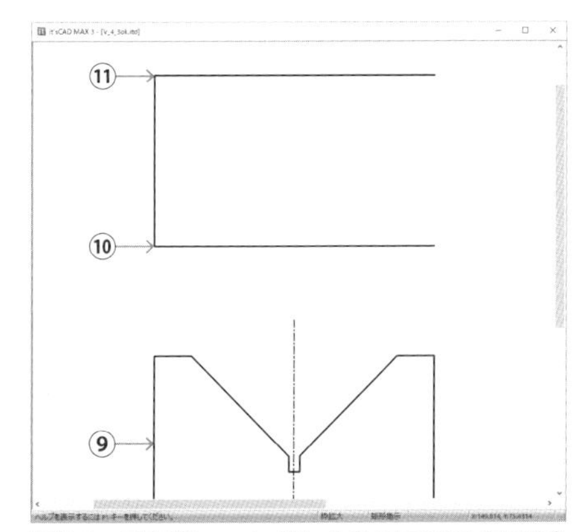

図4-3　平行線コマンドによる平面図の作図(3)

平面図は正面図と投影関係にあるので、平行線コマンドを使って位置をあわせます。また、要素情報編集コマンドを使って線種、太さを変更します。

(4) 以下同様に、⑨⑫⑩⑪、⑨⑬⑩⑪、⑨⑭⑩⑪、⑨⑮⑩⑪、⑨⑯⑩⑪の順でクリックして線を引きます。
ここで、⑨は適当な垂直線、⑫〜⑯は正面図の各頂点、⑩⑪は線分の長さを決める始点と終点です。

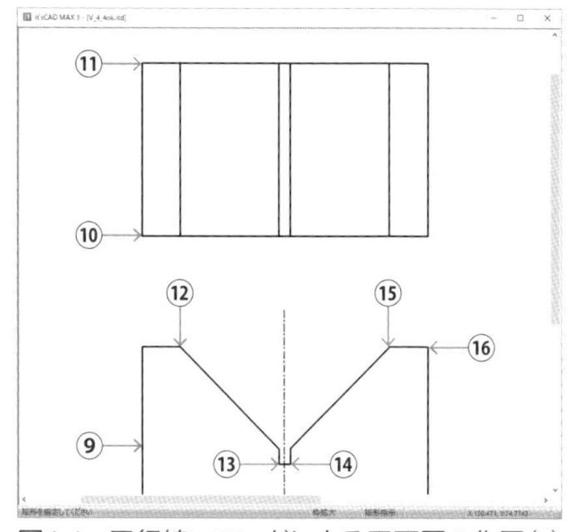

図4-4　平行線コマンドによる平面図の作図(4)

(5) 最後に中心線を上記と同様に、垂直線⑰を選択後、⑱（中心線の端点）⑲⑳（始点と終点）と順にクリックして線を引きます。
⑲⑳は任意の長さで決定します。

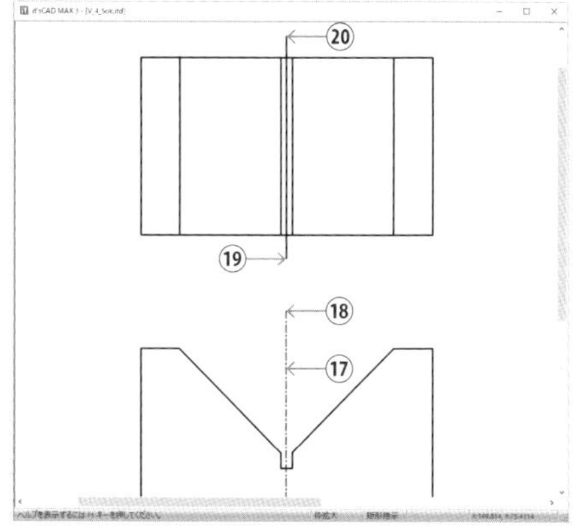

図4-5　平行線コマンドによる中心線の作図

4.2　線種と太さの変更

平面図の中心線を太実線のままで書きました。変更コマンドでこの中心線を細い一点鎖線に変更します。

(1) 要素情報編集コマンド（「編集」—「要素の情報/編集」）で中心線㉑を選択します。選択終了は右クリックです。
(2) 要素情報編集ダイアログから、線種を"一点鎖線"に線の太さ"0.18"をとすれば変更されます。

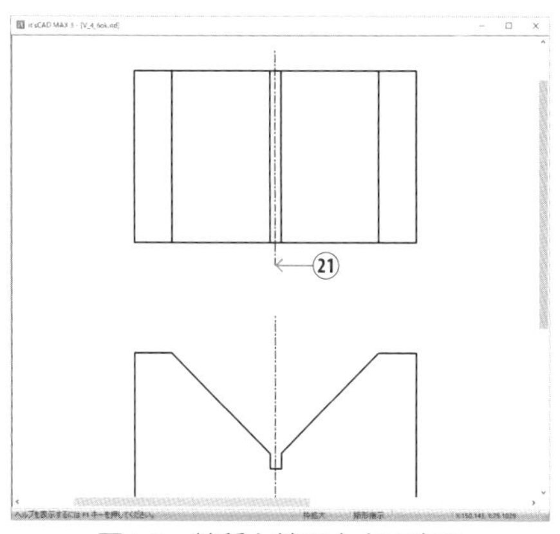

図4-6　線種と線の太さの変更

5. 寸法と記号を記入する

5.1　水平・垂直寸法の記入

水平寸法と垂直寸法を使って寸法を記入します。

(1) 水平寸法コマンド（「作図」—「寸法」—「水平寸法」）を選択します。
（中心線が寸法線と重なるので、「編集」—「消去」—「要素部分消去」コマンドを使って少しカットします。消去したい要素を選択し、不要な部分を右クリックで指定します。）

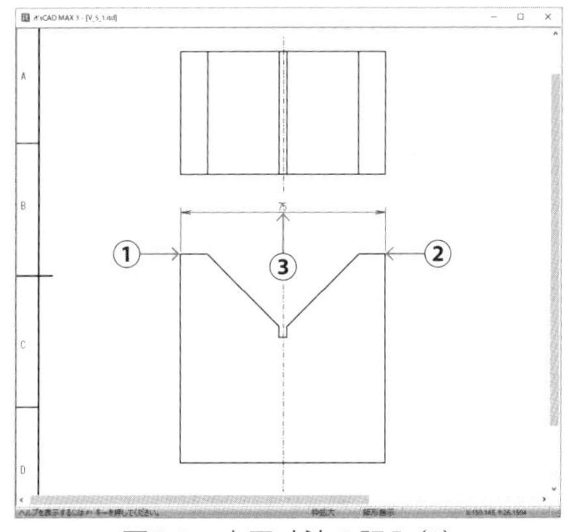

図5-1　水平寸法の記入(1)

(2) ①（寸法補助線の始点）
②（寸法補助線の終点）
③（寸法線の位置）
の順でクリックします。
寸法の数値は自動的に計測されます。
同様に、⑦⑧⑨の順で、溝部の寸法を記入します。

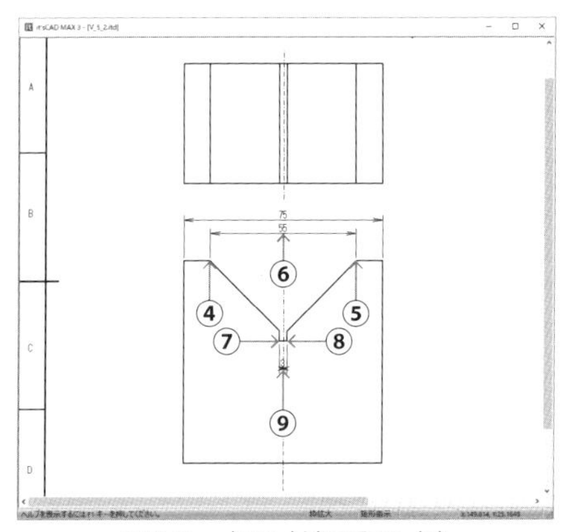

図5-2　水平寸法の記入(2)

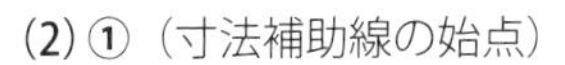

「寸法共通」で"寸法値を中央に配置する"にチェックを入れると、寸法作図時に寸法値が中央に作図されます。

(3) 垂直寸法コマンド（「作図」—「寸法」—「垂直寸法」）を選択し、同様な操作で垂直寸法も記入します。この時、寸法補助線の始点・終点は図形の頂点を選択するようにします。

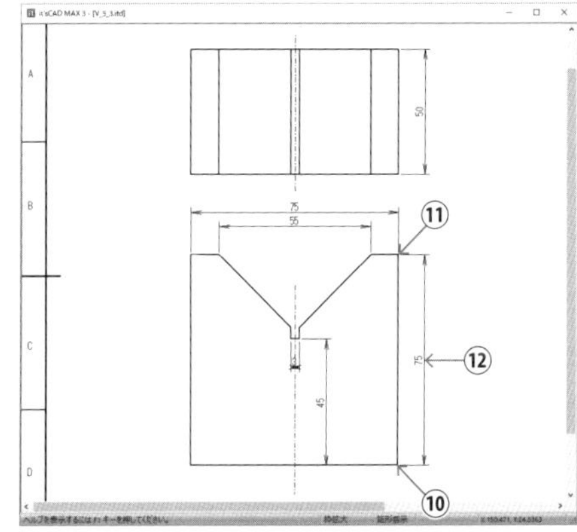

図5-3　垂直寸法の記入(1)

寸法を記入し、面肌記号を記入して図面を完成させます。

(4) 溝部の寸法を、寸法編集コマンドを使って見やすくします。寸法編集コマンド（「編集」—「寸法編集」—「寸法左右」）を選択します。次に該当する寸法を選んで、左へドラッグして位置を指定します。

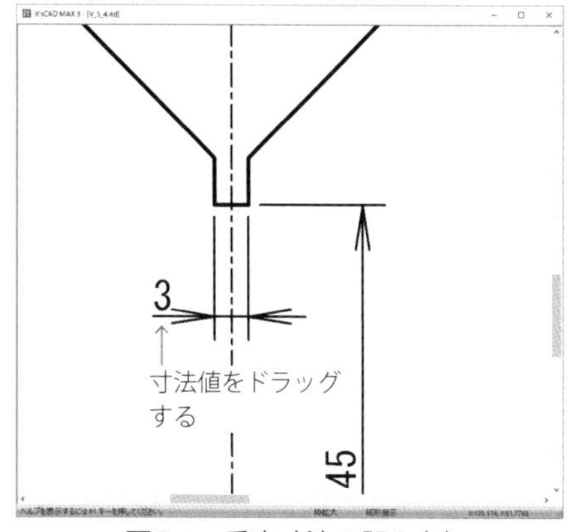

図5-4　垂直寸法の記入(2)

5.2　角度寸法の記入

V字部の角度寸法を記入します。

(1) 角度寸法コマンド（「作図」—「寸法」—「角度寸法」）を順にクリックします。

(2) ⑬⑭（寸法を入れる線分）⑮（寸法線に位置）を順にクリックします。

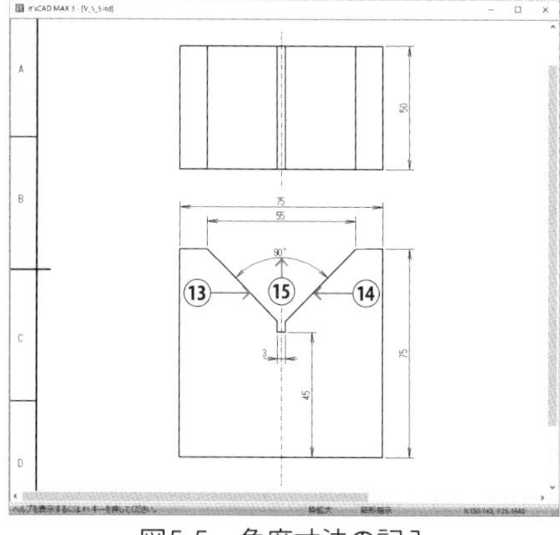

図5-5　角度寸法の記入

5.3　面肌記号の記入

面肌記号を記入します。

(1)「機械」—「面肌記号」を順にクリックします。

(2) 記入する線分⑯をクリックします。

(3) ダイアログから数値や記号を入力します。

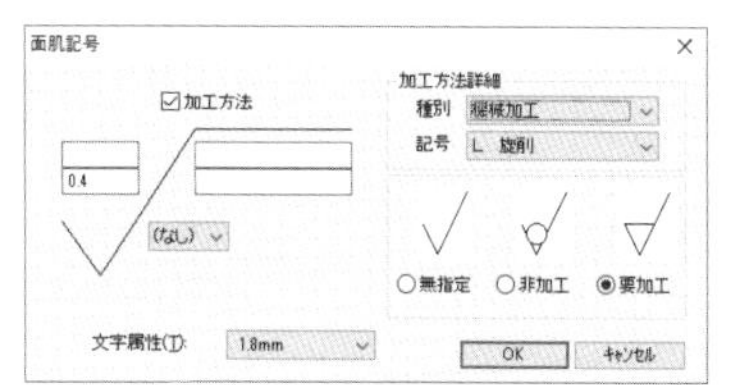

(4) マウスで記号の位置⑰を決め、クリックします。

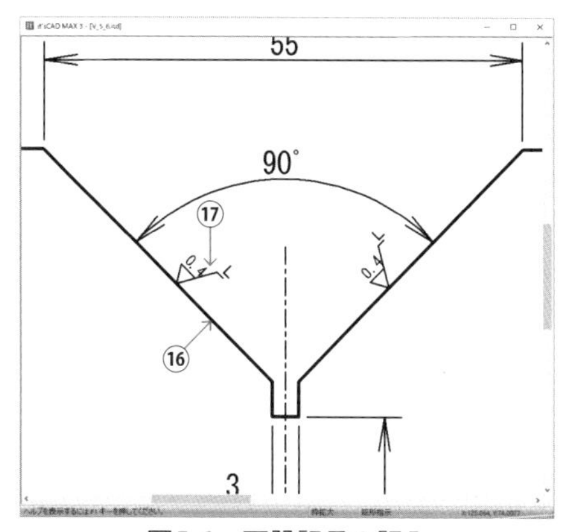

図5-6　面肌記号の記入

6. 保存、印刷、終了する

作図した図面を印刷して保存し、終了します。

6.1　印刷

出来上がった図面を印刷します。

(1)「ファイル」—「印刷」を選択すると、「印刷」画面が表示されます。

(2)「プリンタ名」のリストから出力したい機器を選択します。

(3) ここでは、“Microsoft Print to PDF” を選択してPDFに出力します。

(4) PDFにて出力するとCAD図面がそのままPDFとして出力されます。また、PDFは通常の印刷方法でプリンタへ印刷できます。

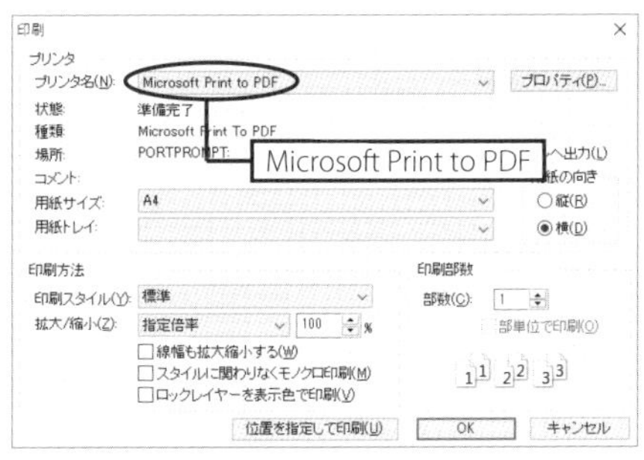

図6-1　印刷の設定

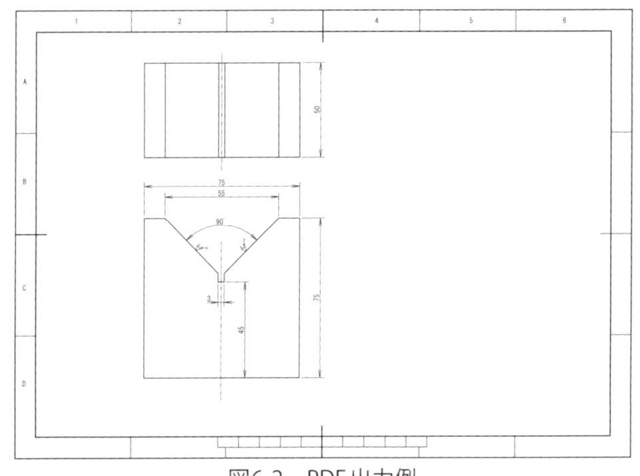

図6-2　PDF出力例

6.2　終了

終了するにはタイトルバー右端の×をクリックするか、メニューバーの「ファイル」で「終了」を選択します。作業中には終了時だけではなく、ある程度作業をしたら保存をします。

上書き保存は、メニューバーの「上書き保存」の他、アイコンの保存またはキーボードから［Ctrl］+［S］を押すことでもできます。

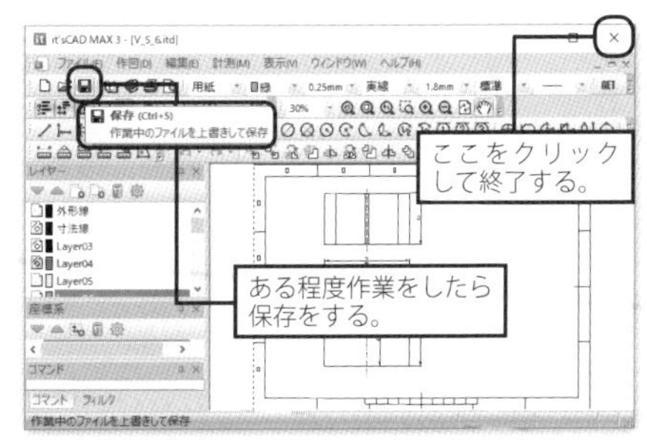

図6-3　保存および終了

Appendix A　it'sCAD 専門コマンド

it'sCAD上で稼働する専門コマンドを紹介します。専門コマンドとしては「配筋」「測量」「機械」「建築」「FEM」の5つのフリーコマンドがリリースされています。そして、「流れ」コマンドのリリースが予定されています。「配筋」「測量」「機械」「建築」は名前の示す通り各専門分野で使用するためのものでごく一般的なものです。「FEM」はCAD上でFEM解析用のデータ（メッシュデータ、材料データ、節点・要素番号など）を作成し、さらに計算を実行し結果を可視化して出力します。

これらのコマンドは前身のUNIX版XCADを引き継いでおり、it'sCADリリース初期から提供されており使用実績は十分といえます。

新たなリリース予定の「流れ」は河川流況解析の入出力コマンドです。

当時お茶の水女子大学大学院の河村哲也教授作成の河床変動解析プログラムの入出力をit'sCADにて実用化したのが始まりです。後に同プログラムは山海堂より『河川のシミュレーション！』として2004年5月に発行されています。

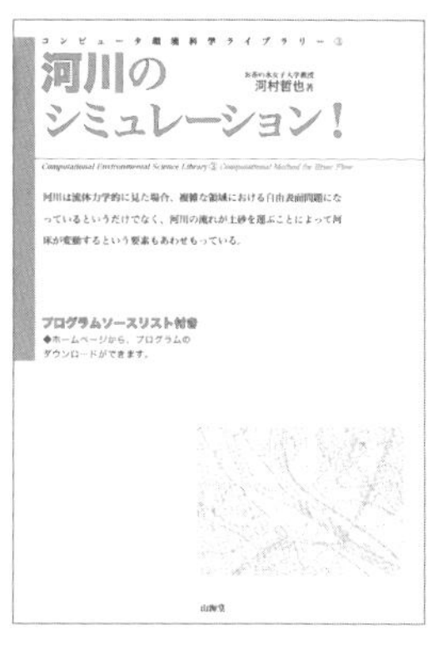

さらに長田信寿先生（当時京都大学）が、ホームページにて公開していた2次元非定常解析プログラムなどを参考にして改良して実務にも利用されました。同プログラムはエクセル土木シリーズの『エクセル河川数値解析入門』に掲載し、山海堂より2004年11月に発行されました。なお、当時はit's超(スーパー)CADによりプリポストプログラムが作成されていました。

その後（2008年頃）河村研究室にて開発された3次元河床変動解析プログラム（ダイレクトシミュレーション）にも対応しました。

現在は、評価も高く実用的に広く普及しているiRICの入出力（2次元）にも対応しています。

ここでは、「流れ」コマンドの概要を説明します。厳密な水理学的にまた物理的解釈には若干の問題が残りますが、流れの概要を把握するのに参考になることを想定しています。

さらに、簡単にその他のコマンドについても説明を追加しました。

■ 流れ

メニューバーの「流れ」を選択すると、プルダウンメニューに「ベクトル図」「コンター図」「データビューア」「横断図」「縦断図」が表示されます。

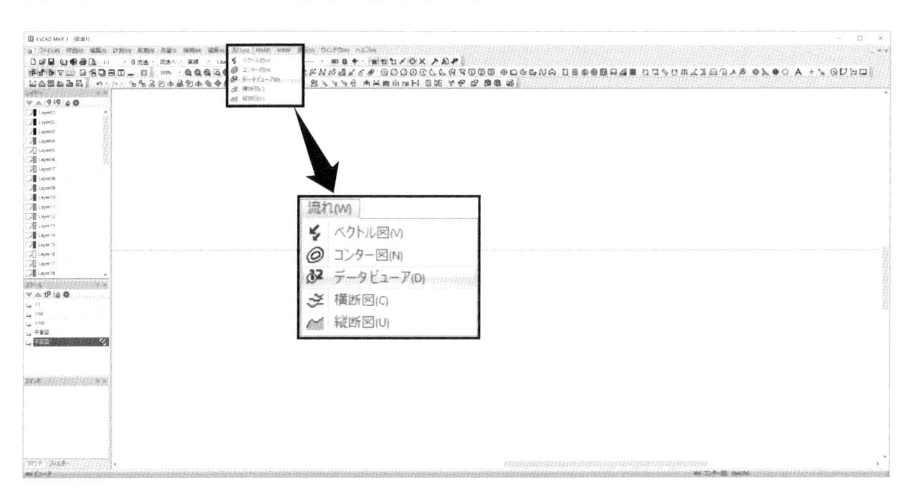

① データビューア

iRICなどのCSVファイルを取り込みます。任意の計算ステップ、任意の計算範囲、任意の断面を選択し抽出することが簡単にできます。クリップボードにコピーして再利用ができます。

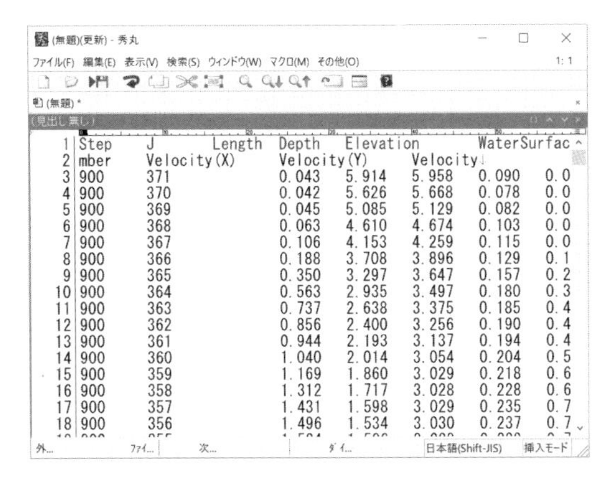

クリップボードにコピーしたデータを秀丸エディターで表示しています。
エクセル等で編集、図化が簡単にできます。

② 横断図

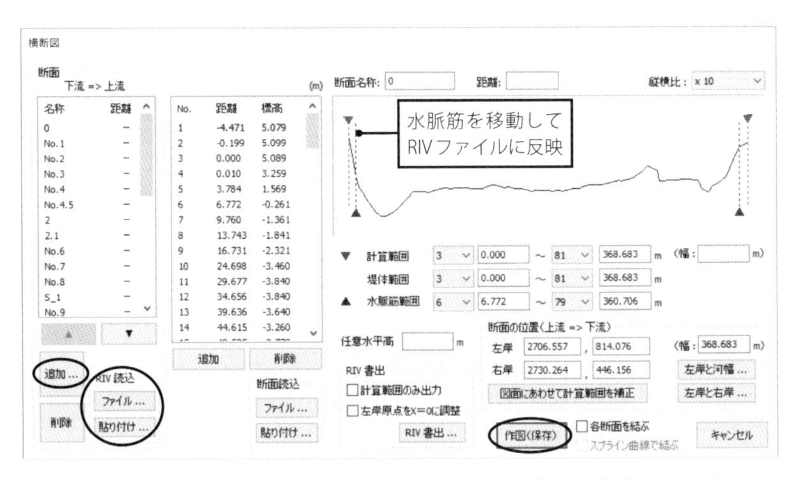

iRICのRIVデータを読み込んだり、断面を追加することができます。また修正した横断データをRIVファイルとして保存することもできます。

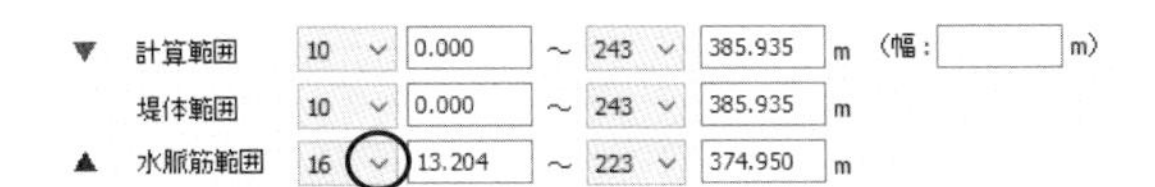

∨ にカーソルを合わせてホイールで範囲を簡単に変更できます。この時図中の範囲も追随して移動します。

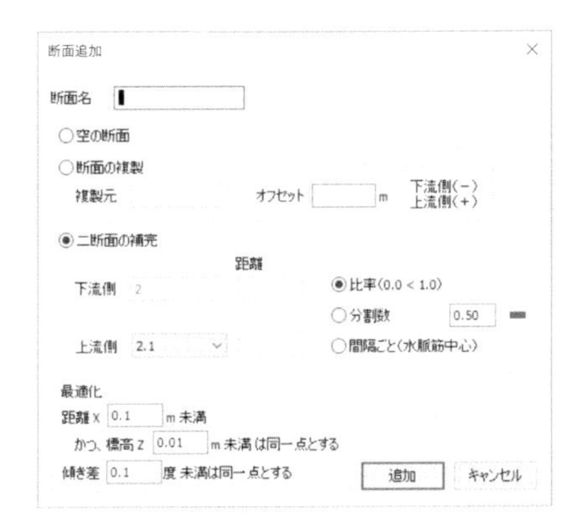

「断面」の部分で「追加」をクリックすると、複写や補完して断面を追加することができます。補完間隔も比例配分や分割数などを指定して作成できます。

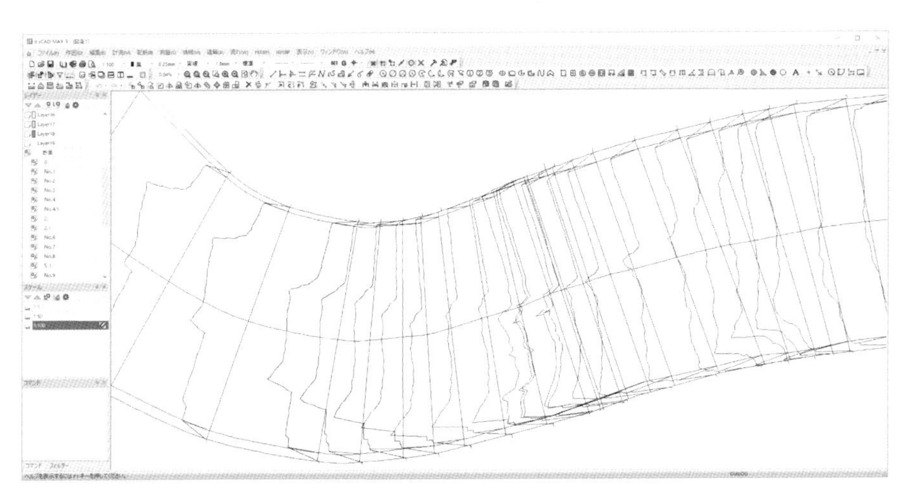

作図をクリックして横断図を表示しています。

3 縦断図

iRICのCSVファイルおよびVTKファイルを取り込んで表示します。

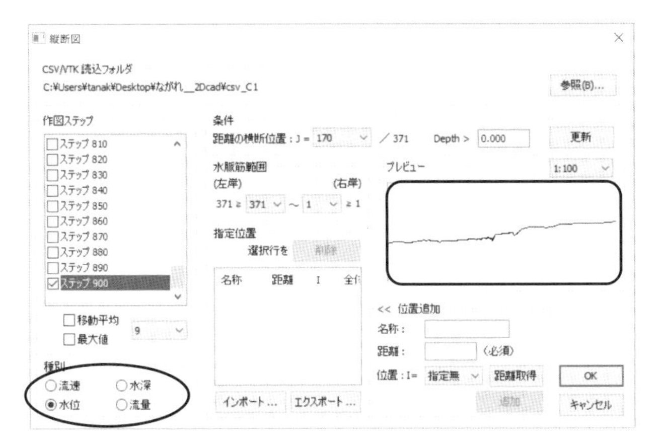

流速のほか、水位、水深、流量の縦断的変化を表示します。

4 ベクトル図

iRICのCSVファイルおよびVTKファイルを取り込んで流速ベクトルを表示します。

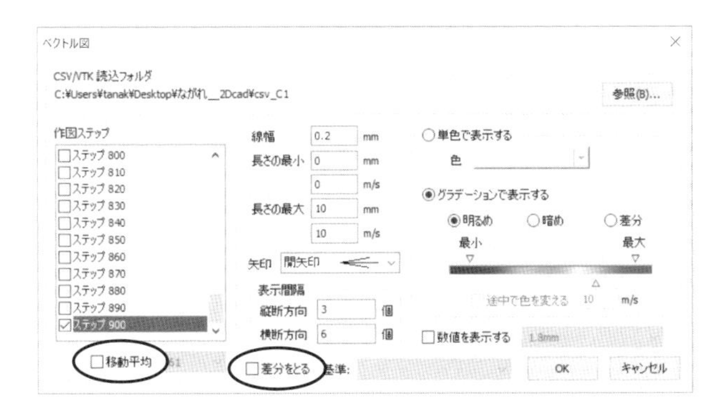

移動平均や計算条件を変えた別ケースとの差分を計算して表示することもできます。

ここでは流況解析計算はiRICにより計算された結果を使用しています。

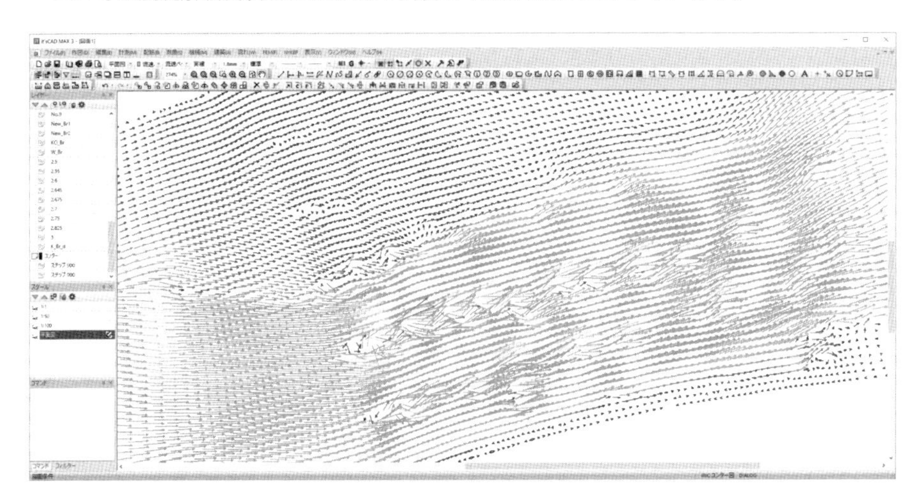

流速ベクトル図です。流速の大きさを矢印の長さや色のグラデーションで表しています。

5 コンター図

iRICのCSVファイルおよびVTKファイルを取り込んで流速コンター、水位コンター、河床高コンター、フルード数コンターなどを表示します。

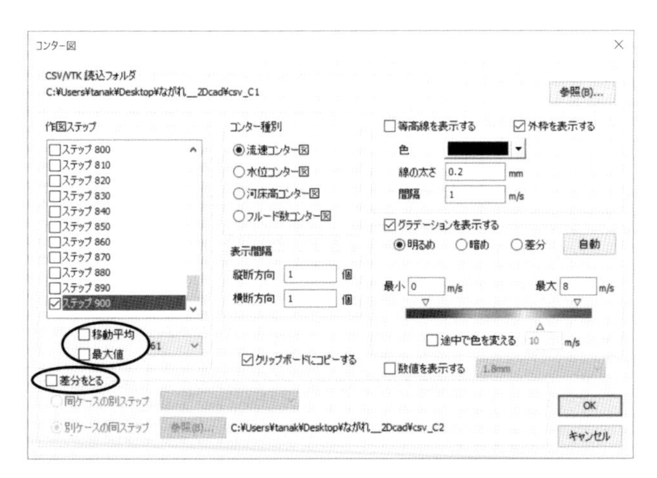

移動平均や最大値および計算条件を変えた別ケースとの差分を計算して表示することもできます。

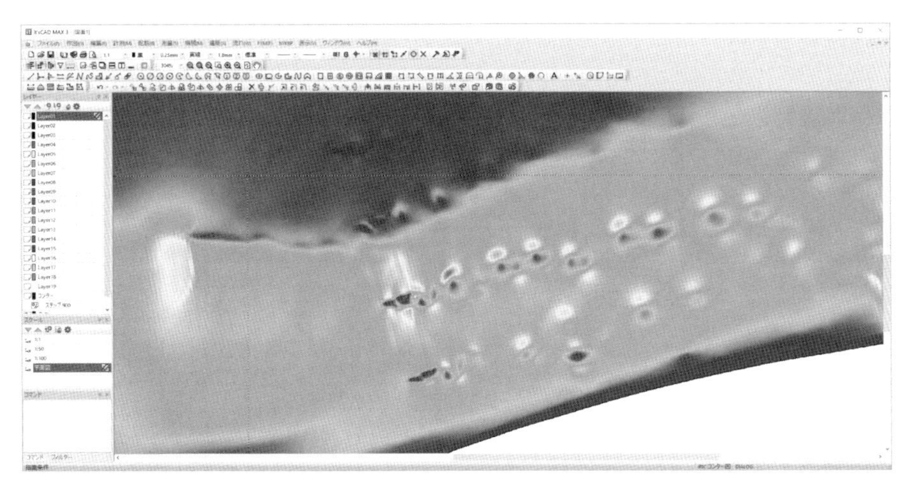

ステップ900（計算開始から15分後）における流速ベクトルコンター図を図化しています。

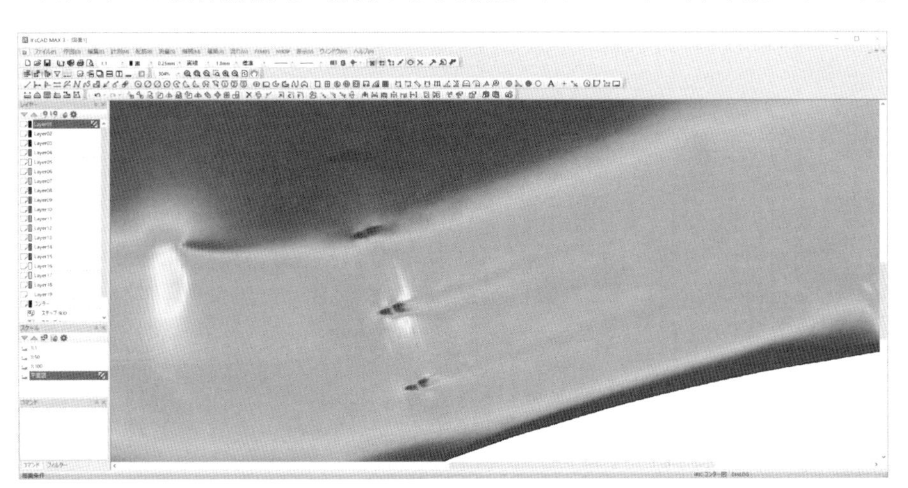

ステップ300～900（10分間）における平均流速ベクトルコンター図を図化しています。
渦などの影響を除去して流速の変化を見ることができます。

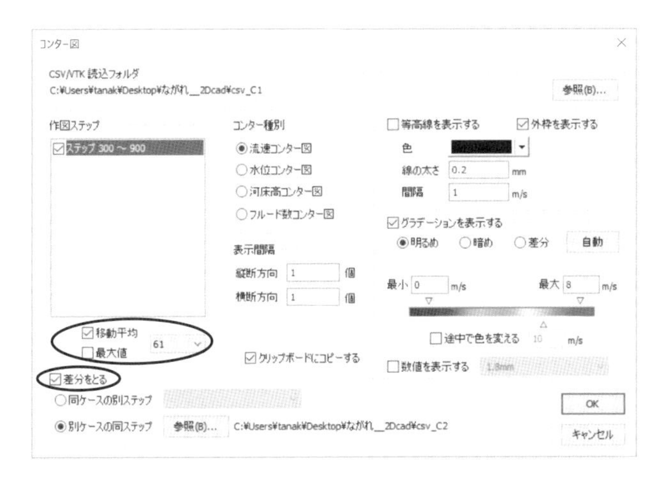

別計算ケースとの差分を計算します。

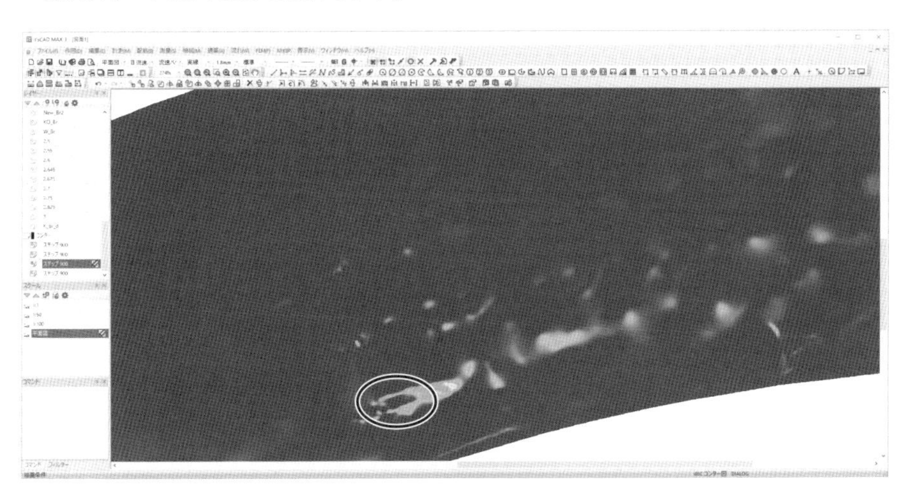

別計算ケースの同一ステップ（同一時刻）の流速差分コンター図を示しています。

〇部分に構造物が増設されています。

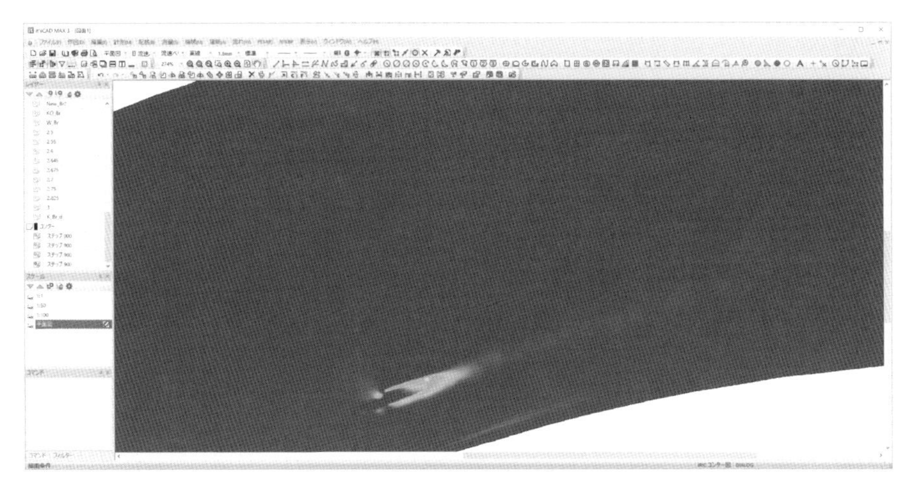

別計算ケースのステップ300～900（10分間）における平均流速差分ベクトルコンター図を示しています。

別計算ケースにおける差分は、同一時刻においても渦などの影響で、流速差分は大きくなります。そこで、一定時間の流速の平均をとって流速差分の計算をしています。

なお、描画には時間がかかるため、必要な表示範囲や倍率などを指定して表示および保存することができます。

注）流速の平均をとることによる物理的な意味を考慮する必要があることも想定されます。

実際の流速や、流速の差分等を数値で表示できます。

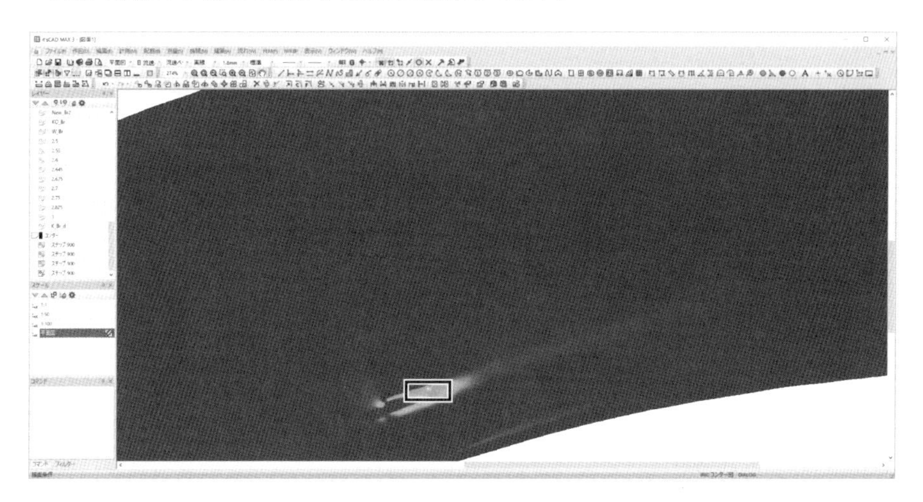

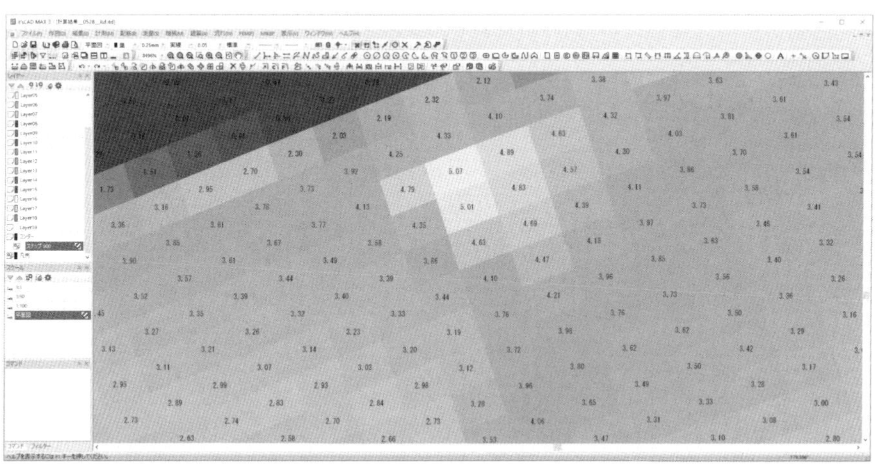

□部を拡大表示しています。全体としては流速差はありませんが増設した構造物付近で流速差があります。構造物近傍の流速差分を数値で表示しています。

注）数値の表示は、CADの機能を利用して小さな文字（0.05mm）で作図しています。図化においては拡大表示しています。

■ 配筋

平行して連続する鉄筋の作図は、かぶりとピッチを指定することで、自動的に作成することができます（展開鉄筋）。また、継手記号など書くコマンドも豊富です。

鉄筋形状・鉄筋径と寸法を指定することで、鉄筋加工図や鉄筋加工表を自動で作成することができます。

また加工図は、配筋図に表示したり、自動作成される加工表に表示したりすることができます。鉄筋加工表からデータを読み取り、鉄筋質量表を自動で作成することも可能です。

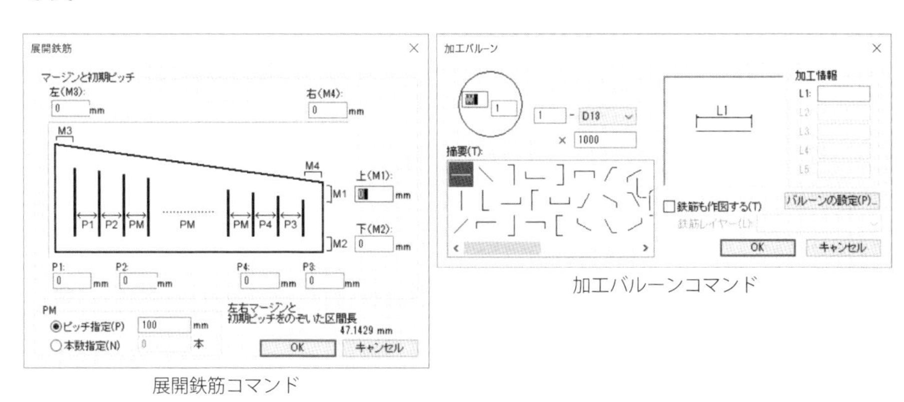

展開鉄筋コマンド

加工バルーンコマンド

■ 測量

トラバース計算が行えます。また、結合トラバースと閉合トラバースでは、閉合誤差、閉合比を計算して座標の誤差調整を行うこともできます。

三斜法、ヘロン、倍横距法、座標法などによる面積計算のコマンドも用意されています。

地図シンボルや地図線など役立つデータも標準装備されています。測量会社だけでなく土地家屋調査士や行政書士の方々からも高く評価されています。

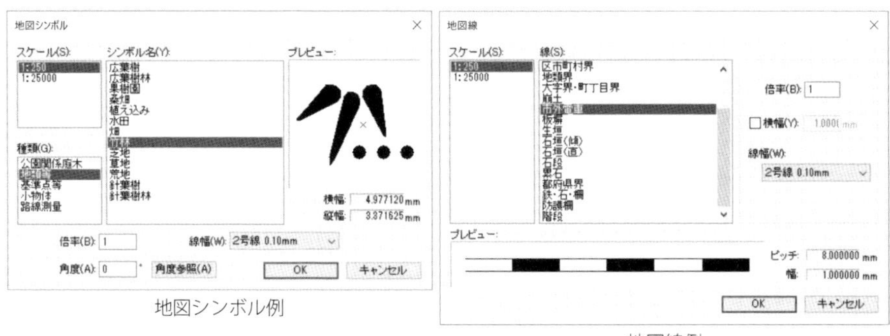

地図シンボル例

地図線例

■ 機械

CADはもともと機械系の図面作成として発展してきたため、機械図面を作図するのに便利なシステムとなっています。

さらに寸法公差記入/面取寸法/弧長寸法/テーパ・勾配/面肌記号/溶接記号/データム/幾何公差など機械図面作成に欠かせない便利なコマンドが多数用意されています。

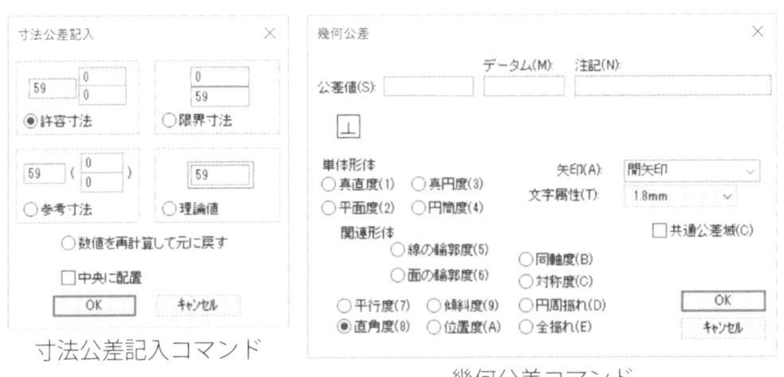

寸法公差記入コマンド

幾何公差コマンド

■ 建築

建築コマンドを使って、建築平面図が素早く作成できます。

建築平面図用の建具や設備だけでなく、電気設備や給排水設備用の部品も豊富に用意されていてとても便利です。また、建築物の平面図形とその端点の高さを指定することにより、建築物の日影図、等時間日影図が作図できます。

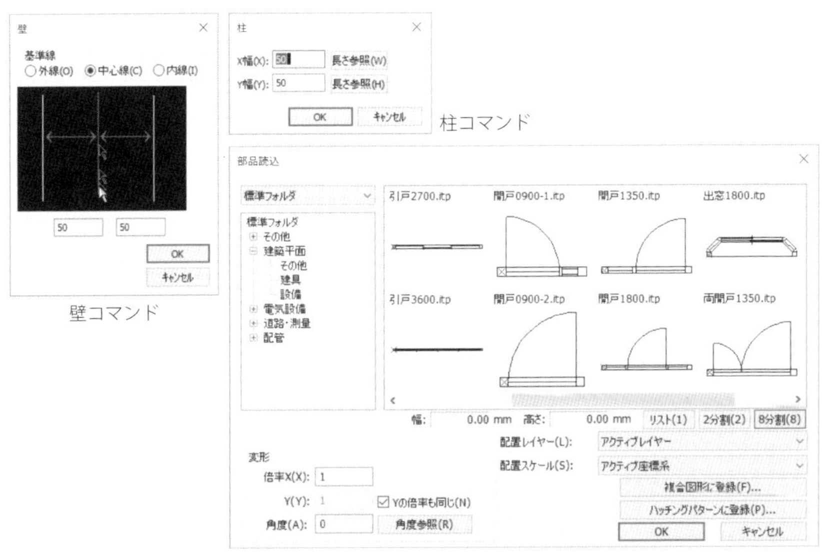

柱コマンド

壁コマンド

建築平面部品例

■ FEM

FEMすなわち有限要素法解析の2次元弾性解析コマンドや2次元骨組解析（トラス・ラーメン）コマンドがあります。

機械系だけでなく建築や土木における構造解析が、CAD入力で簡単に行えます。

以下に単純なモデルで計算手順を示します。

① 計算対象の形状を書きます。

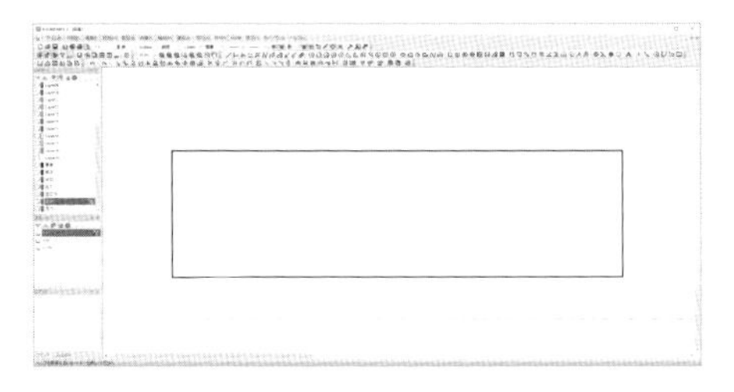

② メッシュを作成します。

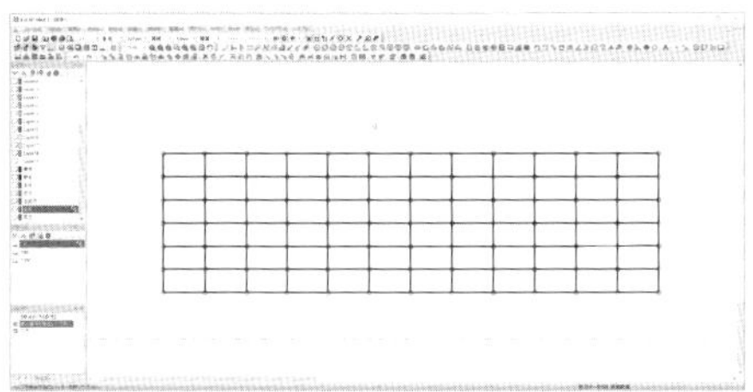

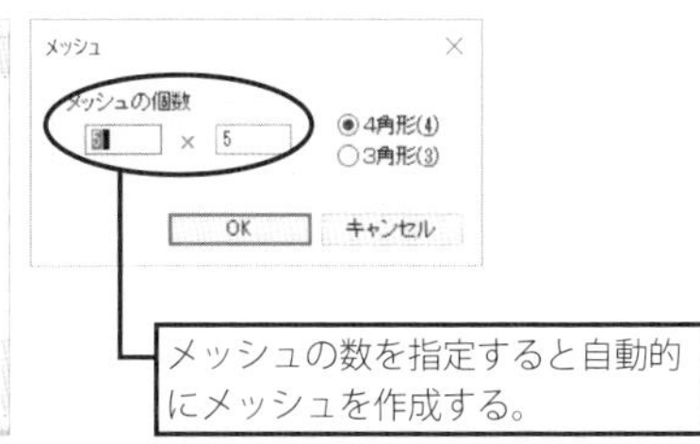

③ 節点番号と要素番号を決定します。

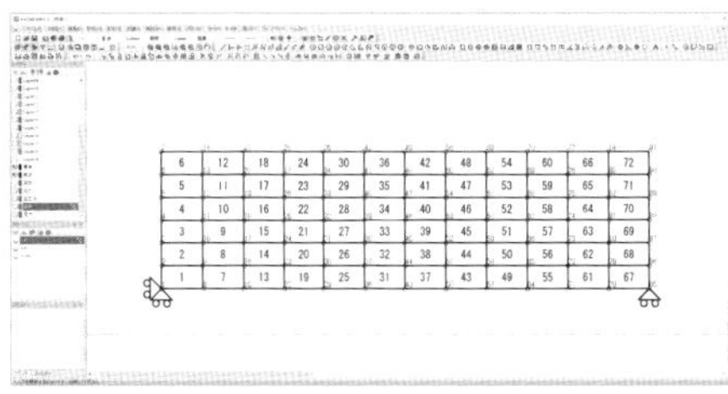

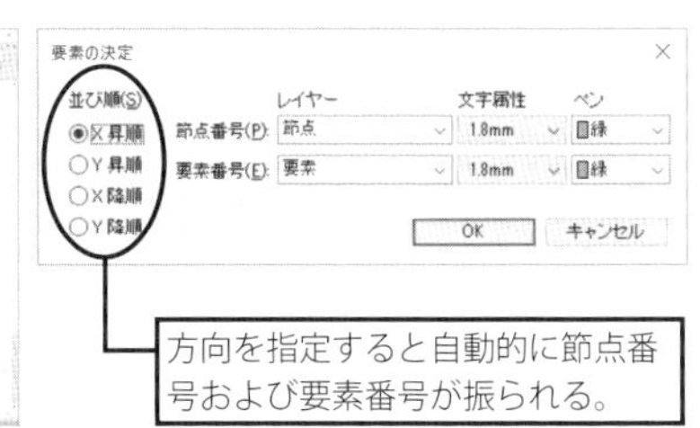

続いて材料特性を登録し、各要素に設定します。

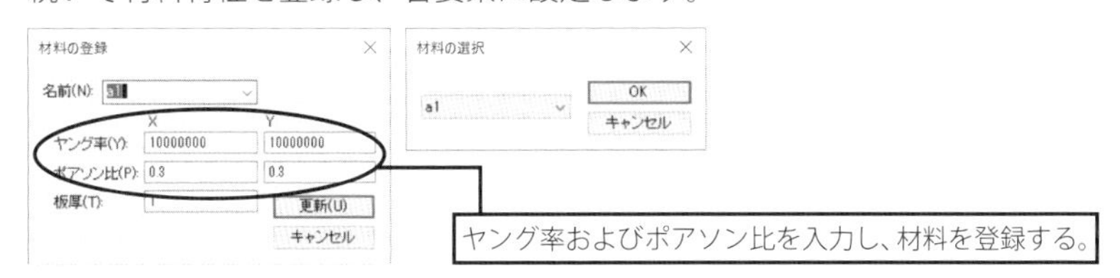

④ 所要節点に境界条件（拘束条件、集中荷重、分布荷重）を入力します。

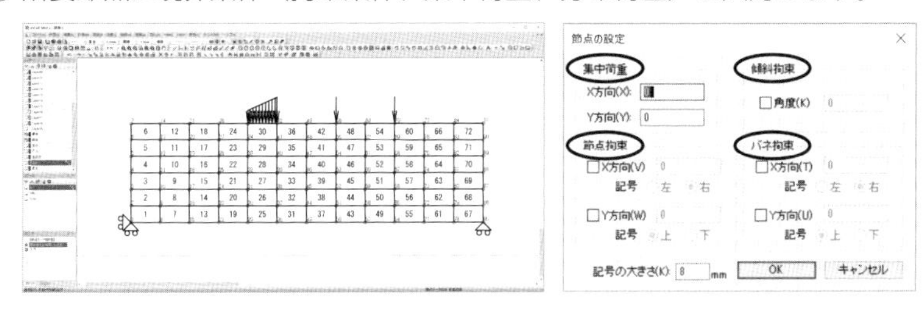

⑤ 計算を実行します。

変位、応力、主応力、歪み、反力など、各レイヤーの表示/非表示を切り替えることで計算結果を見ることができます。

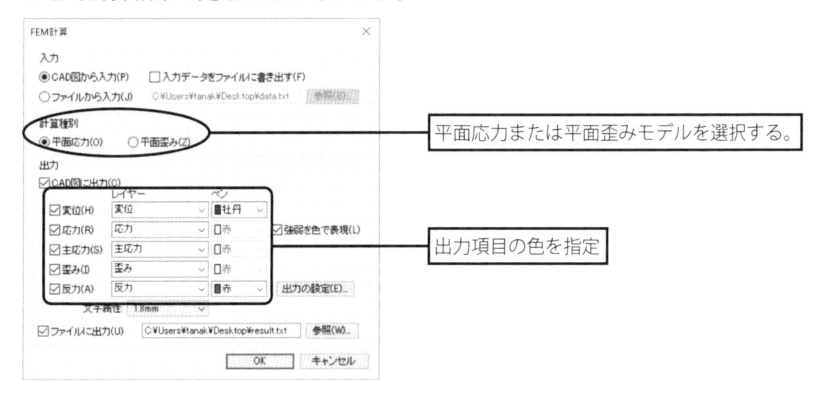

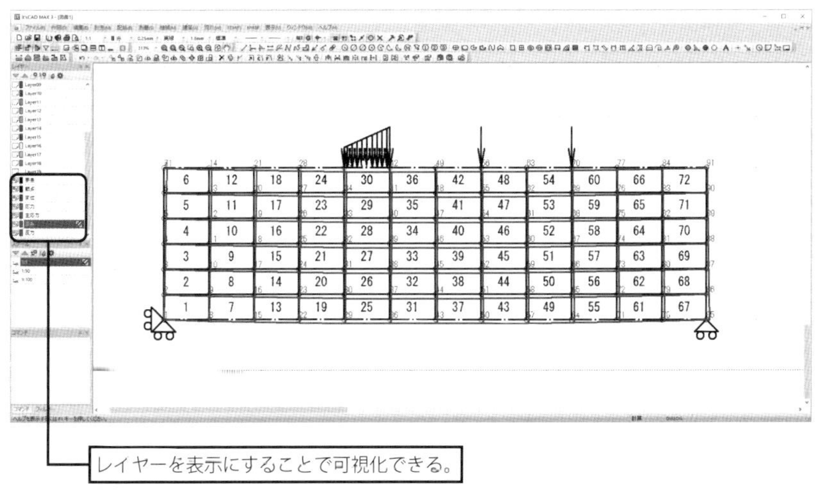

レイヤーを表示にすることで可視化できる。

Appendix B　it'sCAD コマンド一覧

「カスタマイズ」の「オプション」で大きいアイコンにすることができます。またアイコンにテキストラベルを表示させることもできます。これらの機能を使って表示したものを並べています。

■ システム

図形データを保存したり、逆に図形データを読み込んだりするためのコマンドや、図面をプリンタやプロッタ出力するなど、メニューバーの「ファイル」に相当するコマンド群です。

また、様々な環境を整えるため、各種の設定をするコマンドも含まれています。

新規ファイル
新たに図面を作成します。

開く
すでにあるファイルを開きます。

保存
作画中の図面をファイルに保存します。

部品読込
登録してある部品を読み込みます。

部品保存
よく使う図形を部品として保存します。

印刷
印刷します。

印刷プレビュー
作画中の図面の印刷イメージに切り替えます。

座標系
座標系の変更を行います。

色
線の色の変更を行います。

線幅
線幅の変更を行います。

線種
線の種類の変更を行います。

文字属性
文字の大きさの変更を行います。

寸法属性
[用紙設定]の[寸法属性]で設定した属性を選択・変更します。

始点側矢印
開始側の矢印の種類を変更します。

終点側矢印
終点側の矢印の種類を変更します。

属性取得
選択した要素の属性をアクティブな属性にします。

グリッド
グリッドの表示/非表示の切換えを行います。

スナップモード
スナップモードの設定変更を行います。

枠内選択
選択枠内に完全に収まる要素を選択します。

枠掛選択
選択枠と交差する要素を選択します。

枠外選択
選択枠外の要素を選択します。

線掛選択
選択線と交差する要素を選択します。

要素選択
要素を選択状態にします。

選択解除
要素の選択を解除します。

オプション
[オプション]ダイアログを開きます。

用紙設定
[用紙設定]ダイアログを開きます。

参照点変更
参照点(相対座標原点)の位置を変更します。

■ 作図

図形要素のデータ構造に基づいて図形を生成します。線や円、円弧などの図形を書くこと、すなわち作図するためのコマンド群です。

線
直線を引きます。

XY線
水平方向(横方向)または垂直方向(縦方向)に線を引きます。

垂線
指定線から垂線を引きます。

平行線
指定された線から平行線を引きます。

角度線
指定された線から任意の角度を指定し、線を引きます。

連続線
連続する直線を引きます。

自由線
フリーハンドの線を引きます。

2本線
基準の線から任意の離れ幅を指定し、平行線を連続して引きます。

矢印線
矢印つきの線を引きます。

接線
円、楕円、円弧、楕円弧から接線を引きます。

2円接線
指定する2つの円間の接点を結ぶ線を引きます。

半径円
中心と半径指定で円を書きます。

2点円
始点、終点を直径とした円を書きます。

3点円
3点を指定し円を書きます。

2点半径円
2点と半径の長さで円を書きます。

半径円弧
始めに半径円を書き、その円に沿って円弧を書きます。

2点円弧
始めに直径円を書き、その円に沿って円弧を書きます。

3点円弧
始点、通過点、終点の3点で円弧を書きます。

1/2円弧
中心と半径で半円を書きます。

1/4円弧
中心と半径で1/4円を書きます。

要素接円
要素（円、円弧、線）に接する円を書きます。

2要素接円
2要素（円、円弧、線）に接する円を書きます。

3要素接円
3要素（円、円弧、線）に接する円を書きます。

楕円
縦の長さ、横の長さ、傾きを決め楕円を書きます。

箱楕円
始点、終点を結んだ線を対角線とする四角形の中に収まる楕円を書きます。

楕円弧
はじめに楕円を書き、その楕円に沿って楕円弧を書きます。

箱楕円弧
縦の長さ、横の長さ、傾きを決め楕円を書きます。

スプライン曲線
クリックした点を結ぶ、滑らかな曲線を書きます。

ループ
クリックした点を結ぶ、滑らかな閉じた曲線を書きます。

対角四角形
始点、終点を結んだ線を対角線とする四角形を書きます。

中心四角形
横の長さと縦の長さで四角形を書きます。

内接六角形
円に内接する六角形を書きます。

内接多角形
円に内接する多角形を書きます。

外接多角形
円に外接する多角形を書きます。

1辺多角形
1辺の長さと角数から多角形を書きます。

放射状線
1点から伸びる同じ長さで等間隔の複数の線を書きます（3本以上）。

メッシュ
格子状に区切られた四角形を書きます。

水平寸法
横方向の長さを測り、寸法を書きます。

垂直寸法
縦方向の長さを測り、寸法を書きます。

平行寸法
実際にクリックする2点間の長さを測り、寸法を書きます。

要素寸法
要素の長さを測り、寸法を書きます。

連続寸法
連続して寸法を書きます。

角度寸法
指定する2要素の角度を測り、寸法を書きます。

弧長寸法
弧の長さを測り、寸法を書きます。

直径寸法
直径の長さを測り、寸法を書きます。

半径寸法
半径の長さを測り、寸法を書きます。

引出線
文字と線で引き出し線を書きます。

バルーン
文字と線でバルーン線を書きます。

ハッチング
閉じた図形の中を、指定するパターンで書きます。

線ハッチング
閉じた図形を作成し、指定するパターンで書きます。

パターンハッチング
閉じた図形の中を、指定するパターンで書きます。

塗りつぶし
閉じた図形を塗りつぶします。

文字
文字（文）を書きます。

点
点を書きます。

分割点
要素に対して等間隔に指定した数の点を書きます。

塗り半径円
塗りつぶし半径円を書きます。

塗り半径扇
塗りつぶし扇を書きます。

塗り多角形
塗りつぶした多角形を書きます。

図面枠
図面枠を書きます。

■ 編集

すでに書かれている図形要素に対してその図形要素を加工（編集）します。代表的な機能としては、消去、移動・複写、変形およびアンドゥ・リドゥなどがあります。

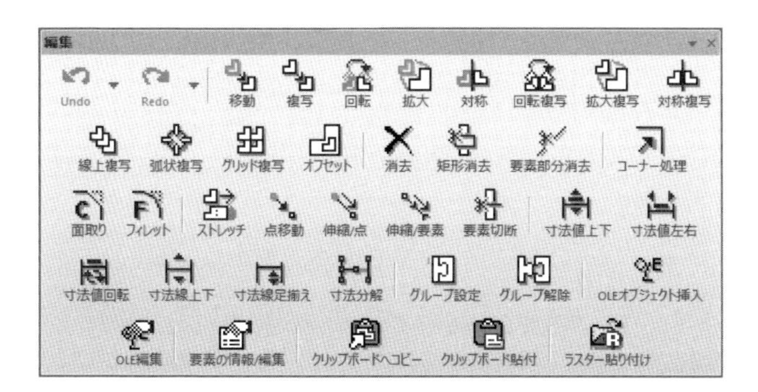

アンドゥ
作業状態を1つ前の状態に戻します。

リドゥ
作業状態を1つ後の状態にします。

移動
選択した要素を移動します。

複写
選択した要素を複写（コピー）します。

回転
選択した要素を回転移動します。

拡大
選択した要素を拡大します。

対称
選択した要素を対称移動（鏡面移動・リフレクト）します。

回転複写
選択した要素を回転複写（回転コピー）します。

拡大複写
選択した要素を拡大複写（拡大コピー）します。

対称複写
選択した要素を対称複写（鏡面コピー・リフレクトコピー）します。

線上複写
選択した要素を線上複写（線上配列複写・線上コピー）します。

弧状複写
選択した要素を弧状に複写（弧状コピー）します。

グリッド複写
選択した要素をグリッド複写（グリッドコピー）します。

オフセット
選択した要素をオフセットします。

消去
選択した要素を削除します。

矩形消去
指定した矩形に接した部分を削除します。

要素部分消去
指定した要素の指定した部分を削除します。

コーナー処理
指定した2つの線を延長してつなぎます。

面取り
角を構成する2つの線から指定した長さを切り取り、線をつなぎます。

フィレット
角を構成する2つの線のなす角を指定した半径の弧にします。

ストレッチ
指定した要素の指定矩形に接する部分を延長あるいは短縮します。

点移動
選択した要素を構成する節点を移動します。

伸縮/点
選択した要素を構成する節点を線上平行あるいは、延長平行線上に移動し、要素を伸縮します。

伸縮/要素
要素を指定する別の要素まで延長・短縮します。

要素切断
選択した要素を切断します。

寸法値上下
選択した寸法の値の位置を上下移動させます。

寸法値左右
選択した寸法の値の位置を左右移動させます。

寸法値回転
選択した寸法の値の位置を回転させます。

寸法線上下
選択した寸法の線の位置を上下させます。

寸法分解
選択した寸法を線や文字に分解します。

寸法線足揃え
複数の寸法線の足の長さを指定の寸法線の足の長さに合わせます。

グループ設定
指定した複数要素をグループ化します。

グループ解除
グループ要素を解除します。

OLEオブジェクトの挿入
他プログラムで作成した画像ファイルや文章ファイル、表ファイルを図面に貼り付けます。

OLEオブジェクトの編集
OLE要素を編集します。

要素の情報/編集
選択された要素を表示/編集できるダイアログを表示します。

クリップボードへコピー
指定した要素をクリップボードへコピーします。

クリップボードから貼り付け
指定した位置にクリップボードから要素を貼り付けます。

ラスター貼り付け
始点、終点を結んだ線を対角線とする四角形の中にラスターデータ(絵などのファイル)を貼り付けます。

■ 計測

図形要素の図形情報を表示し、主として作図の補助機能として利用されます。三斜法やヘロンの公式を使った面積計算は測量コマンドを使用します。

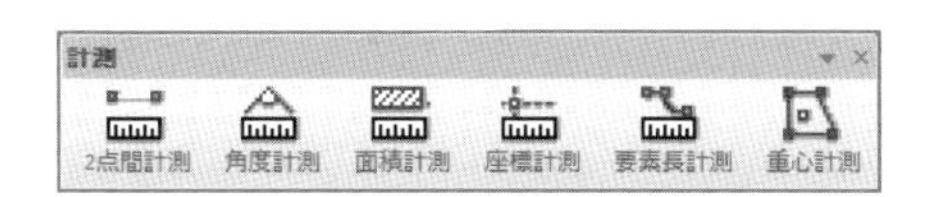

2点間計測
始点から終点を結ぶ線の長さを表示します。

面積計測
三角形あるいは四角形の端点（構成点）をクリックして、その面積を表示します。

角度計測
2つの線から角度を表示します。

座標計測
座標上の要素あるいはクリックした場所の座標を表示します。

要素長計測
選択した要素すべての長さを足した長さを計測します。

重心計測
図形の構成点をクリックして、その図形の重心を表示します。

■ ズーム（表示）

ディスプレイ上での拡大表示や移動といった図面を見る視点を変更するコマンド群です。

ズーム
画面の表示倍率を直接入力か、プルダウンリストから指定します。

基準表示
用紙全体（基準）を表示する画面の大きさにします。

前画面
1つ前の表示画面を表示します。

枠拡大
指定枠で囲んだ部分を画面の最大限で拡大します。

全要素表示
作図したすべての要素を表示する画面の大きさにします。

拡大表示
中心を基準に拡大します。

縮小表示
中心を基準に縮小します。

再表示
再表示します。

移動モード
用紙全体を移動させます。

■ ウィンドウ

複数のウィンドウを縦に並べたり横に並べたりするコマンドです。

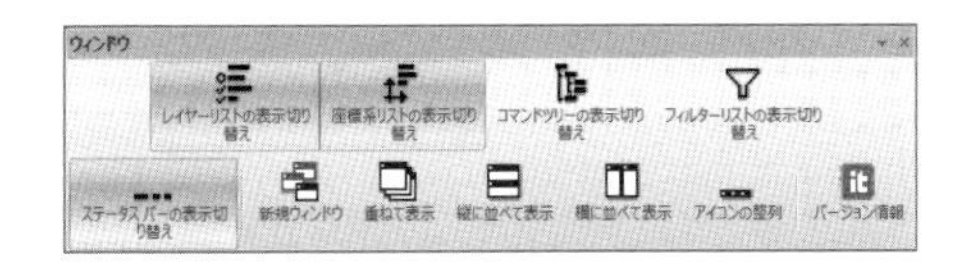

レイヤーリストの表示切替
レイヤーリストの表示/非表示を切り替えます。

座標系リストの表示切替
座標系リストの表示/非表示を切り替えます。

コマンドツリーの表示切替
コマンドツリーの表示/非表示を切り替えます。

フィルターリストの表示切替
フィルターリストの表示/非表示を切り替えます。

ステータスバーの表示切替
テータスバーの表示/非表示を切り替えます。

新規ウィンドウ
現在作業している図面と同じウィンドウを新たに開きます。

重ねて表示
すべての子ウィンドウを重ねて表示します。

横に並べて表示
すべての子ウィンドウを横に並べて表示します。

縦に並べて表示
すべての子ウィンドウを横に並べて表示します(子ウィンドウが多すぎる場合には調節されます)。

アイコンの整列
アイコン化されたウィンドウ(最小化された子ウィンドウ)を整列します。

バージョン情報
it'sCADのバージョン情報を表示します。

Index

インデックス出版　シリーズラインアップ

エクセルナビシリーズ　構造力学公式例題集

定　　価　本体価格￥2,400＋税
ページ数　270
サ イ ズ　A5
監　　修　田中修三
著　　者　IT環境技術研究会
付　　録　プログラムリストダウンロード可

本書の内容

構造力学は、建設工学や機械工学にとって必要不可欠なものです。しかしながら、構造や荷重および支持条件によっては計算が煩雑になり業務の負担になる場合も多々あります。
本書は、梁・ラーメン・アーチなどの構造について、多様な荷重・支持条件の例を挙げ、その「反力」「断面力」「たわみ」「たわみ角」等の公式を紹介し、汎用性のあるExcelプログラムにより解答を得られるようになっています。梁については「せん断力図」「曲げモーメント図」「たわみ図」を自動作成します。
Excelファイルは、本に記載してあるIDとパスワードを入力すれば、ホームページより無償でダウンロードすることができます。

エクセルナビシリーズ　地盤材料の試験・調査入門

定　　価　本体価格￥1,800＋税
ページ数　270
サ イ ズ　A5
著　　者　辰井俊美・中川幸洋・谷中仁志・肥田野正秀
編　　著　石田哲朗
付　　録　プログラムリストダウンロード可

本書の内容

（はじめにより）
本書は、地盤材料試験や地盤調査法を地盤工学の内容に関連付けて、その目的、試験手順や結果整理上の計算式を丁寧に説明しています。試験結果をまとめるデータシートは、規準化されたものと同じ書式のExcelファイルのデータシートにより整理・図化できます。このExcelファイルは、本に記載してあるIDとパスワードを入力すれば、ホームページより無償でダウンロードすることができます。
データ整理に費やす時間を短縮できるだけでなく、コンピュータ上で楽しみながら経験を蓄積でき、また、実務での報告書の一部として利用することも十分に可能です。

「FEM すいすい」シリーズは、

“高度な解析”と“作業のしやすさ”を両立させた、

です。本ソフトウェアだけで「モデルの作成」「解析」「結果の表示」ができます。最新のパソコン環境にも合わせて効率よく作業ができるように工夫されています。

すいすい入力

条件作成に時間がかかっていませんか？

FEMすいすいにおまかせ

すいすい解析

解析が収束しないことはありませんか？

FEMすいすいにおまかせ

すいすい利用

古いソフトをだましだまし使っていませんか？

FEMすいすいにおまかせ

製品の特長

■モデル作成がすいすいできる

分割数指定による自動分割（要素細分化）機能を搭載し、自動分割後の細部のマニュアル修正も可能。
また、モデル作成（プリ）から解析（ソルバー）および結果の確認（ポスト）までを1つのソフトウエアに搭載し、解析作業を効率的に行えます。

■ UNDO REDO 機能で無制限にやり直せる

モデル作成時、直前に行った動作を元に戻す機能を搭載しています。

■施工過程に応じた解析が簡単

地盤の掘削、盛土などのステージ解析を実施することができます。ステージごとに、材料定数の変更、境界条件の変更が可能です。

■線要素の重ね合せで複雑な構造も簡単

例えば、トンネルで一次支保工と二次支保工を別々にモデル化することができます。

■線要素間の結合は剛でもピンでも

線要素間の結合は「剛結合」に加え「ピン結合」も選択することができます。

■ローカル座標系による荷重入力で簡単、スッキリ

荷重の作用方向は、全体座標系に加えローカル座標系でも指定することができます。
分布荷重の作用面積は、「射影面積」あるいは「射影面積でない」から選択することができます。

■飽和不飽和の定常解析と非定常解析が可能

飽和不飽和の定常／非定常の浸透流解析が可能です。

■比較検討した場合の結果図の貼り付けが簡単

比較検討した場合のモデルや変位などの表示サイズを簡単に合わせることができます。

■数値データ出力が簡単

画面上で選択した複数の節点／要素の数値データをエクセルに簡単に貼り付けることができます。

「FEM すいすい」 価格

応力変形	165,000 円	
浸透流	220,000 円	
圧密	275,000 円	
応力変形 ＋ 浸透流 ＋ 圧密（アカデミック版）	0 円	1000節点まで

本ソフトウェアは前田建設工業（株）で開発され長年使用されている実績あるFEM解析ソフトのプリポスト機能を改良強化したものです。

著者
岩永 義政

装丁・DTP
デザインオフィス'74

コンパクトシリーズ アプリ　2次元CAD入門と活用

2023年　7月13日　初版第1刷発行

著　者　岩永 義政（いわなが よしまさ）
発行者　田中 壽美
発行所　インデックス出版
〒191-0032　東京都日野市三沢1-34-15
電話 042-595-9102　FAX 042-595-9103
https://www.index-press.co.jp/

ISBN978-4-910058-66-5　Printed in Japan